Robert Wiedersheim

Salamandrina perspicillata und Geotriton fuscus

Versuch einer vergleichenden Anatomie der Salamandrinen, mit besonderer

Berücksichtigung der Skelettverhältnisse

Robert Wiedersheim

Salamandrina perspicillata und Geotriton fuscus
Versuch einer vergleichenden Anatomie der Salamandrinen, mit besonderer Berücksichtigung der Skelettverhältnisse

ISBN/EAN: 9783337157449

Hergestellt in Europa, USA, Kanada, Australien, Japan

Cover: Foto ©berggeist007 / pixelio.de

Weitere Bücher finden Sie auf **www.hansebooks.com**

SALAMANDRINA PERSPICILLATA

UND

GEOTRITON FUSCUS

—

VERSUCH EINER VERGLEICHENDEN ANATOMIE

DER SALAMANDRINEN

MIT BESONDERER BERÜCKSICHTIGUNG DER SKELET-VERHAELTNISSE

VON

DR. ROBERT WIEDERSHEIM

PROSECTOR AN DER ANATOMIE ZU WÜRZBURG

GENUA

DRUCK DES INSTITUTS DER SORDO-MUTI

1875

SEINEM LIEBEN FREUNDE

THEODOR EIMER

WIDMET DIESE SCHRIFT

DER

VERFASSER.

EINLEITUNG

Im Laufe des vergangenen Jahres hatte ich Gelegenheit, einen Theil des Frühjahrs in Genua zuzubringen und ich versäumte nicht, diese herrlichen Tage zu Ausflügen längs der Riviera aufs eifrigste zu benützen.

Dabei lernte ich nicht nur Land und Leute, sondern auch Fauna und Flora dieses von der Natur so reich gesegneten Landstrichs kennen, und jene war es insbesondere, welche mein Interesse in hohem Grade in Anspruch nahm.

Als Fremdling wäre für mich aber wohl das eine und das andre nicht zugänglich oder im günstigsten Fall doch sehr schwer aufzufinden gewesen, hätte ich mich nicht der liebenswürdigen Unterstützung meines verehrten Freundes, des Herrn

Marchese G. Doria zu erfreuen gehabt. Derselbe ist der
Begründer und Praesident des hübsch eingerichteten natur-
wissenschaftlichen Museums der Stadt Genua und mancher
meiner deutschen Landsleute weiss von einem herzlichen
Willkommen zu erzählen, das ihm in der « Villa Dinegro »
zugerufen wurde. — Ausser dem Namen Doria ist es noch
der Pavesi's, Professors der Zoologie an der dortigen Uni-
versität, und Dr. Gestro's, derer ich in dankbarer Erinne-
rung gedenke.

Würzburg im Februar 1875.

SALAMANDRINA PERSPICILLATA.

Es war im Monat März, als ich auf einem Ausflug in die
Berge, an welche sich die Stadt Genua in weitem Bogen
nordwärts anlehnt, die ersten lebenden Exemplare der Salamandrina perspicillata in die Hände bekam.
Ich hatte, nach den alten Spiritus-Exemplaren urtheilend,
die mir schon in deutschen Sammlungen begegnet waren,
keine Ahnung von der Farbenpracht, welche diese niedli-
chen Thierchen im frischen Zustande schmückt, und hoch
erfreut machte ich emsig Jagd auf sie, welche auch von
dem günstigsten Erfolge begleitet war, denn ich hatte im
Lauf von drei Stunden 67. Exemplare erbeutet! Was mich
dabei reizte, war nicht nur die Schönheit des Thiers überhaupt, sondern es regte sich in mir gleich anfangs der Ge-
danke, eine genauere Untersuchung dieser kleinsten aller
Salamander-Arten vorzunehmen, in welchem Entschluss ich
dann auch später von M. Doria bestärkt wurde. Als genauer
Kenner der einschlagenden Litteratur machte er mir Hoffnung,
dass hierin wohl noch manches zu machen sei, da alle bisherigen Beschreibungen fast ausnahmslos einen rein systema-
tischen Charakter trügen. In wie weit diese Vermuthung
ihre Bestätigung fand, wird im Laufe dieser Arbeit klar werden. Genug, ich machte mich sofort ans Werk, und da ich
gerade Eier und junge Larven zur Hand hatte, so begann
ich zuvörderst mit der Untersuchung von diesen, ohne jedoch
hierin einen Abschluss erzielen zu können, da es mir nicht
gelang, dieselben länger als drei Wochen lebend zu conser-
viren. Ich werde daher im laufenden Frühjahr noch einmal ans
Werk gehen und beschränke mich in dieser Arbeit auf die
anatomisch-physiologische Schilderung des erwachsenen
Thieres, obgleich auch hierin noch manches eines wieder·
holten Studiums und der Ausfüllung dieser und jener Lü-
cken bedarf. Dass es mir leider nicht geglückt ist, über alles,
so wie ich es wünschte, ins Klare zu kommen, hat seinen Grund

darin, dass eine grosse Anzahl der nach Deutschland mitge-
brachten Exemplare theils schon auf der Reise, theils kurz
darauf zu Grunde ging. Jeder, der sich aber mit derartigen
Untersuchungen eingehender beschäftigt hat, wird mir
beipflichten, dass die Organe des Kreislaufs und der
Athmung an Spiritus-Exemplaren, zumal, wenn die Verhältnisse so klein sind, wie hier, nur schwer oder gar nicht zu
studiren sind; und so wird man in diesen Blättern vergeblich nach einer Schilderung derselben suchen, ich hoffe aber,
das Fehlende bei einer andern Gelegenheit ergänzen zu
können.

Das Hauptgewicht habe ich auf die Skeletverhältnisse
gelegt, und ich habe alle Details derselben mit der grössten
Genauigkeit berücksichtigt, da mir hier eine ganze Reihe
charakteristischer Eigenthümlichkeiten aufstiess, welche wohl
geeignet sind, dem Thier endlich diejenige Stellung in der
Amphibien-Welt und in der Thierreihe überhaupt anzuweisen,
welche ihm gebührt.

Wie aus dem Folgenden hervorgehen wird, konnten sich die
früheren Beschreiber hierüber nicht einigen; bald wurde eine
Species, bald ein Genus daraus gemacht und nur Gray
und Hallowell sprechen sich für eine ganz neue Familie
aus. Alle aber, ohne Ausnahme, gingen fast nur vom Colorit
und den äusseren Verhältnissen überhaupt aus, ohne den
anatomischen und namentlich den Skelet-Verhältnissen eine
eingehendere Berücksichtigung zu schenken. Diese fällt allerdings zu Gunsten der zwei oben genannten Forscher aus,
wenn auch in ganz anderem Sinn, als von diesen beabsich-
tigt war.

An dem Namen will ich nichts mehr ändern, möchte mich
aber doch gleich von vornherein dagegen aussprechen, dass
man das Thier des Namens Salamandrina wegen, unter
einem Gesichtspunct mit Salamandra maculata und
atra betrachten darf, wie bis jetzt fast allgemein geschehen ist.

Ein aufmerksames Studium der verschiedenen Arten der

Tritonen muss vielmehr zu der Ueberzeugung führen, dass wir hier und nirgends anders, die Brücke suchen müssen, die uns von Stufe zu Stufe zu Salamandrina hinführt. — Der Schädel z. B. von Salamandra maculata besitzt durchweg einen zarteren Habitus und die ausgedehnte Erhaltung des Primordial-Craniums spricht ihm eine viel niedrigere Entwicklungsstufe zu, als allen Tritonen, wo wir wesentlich andere Verhältnisse treffen; ich will nur an die Structur des ganzen Skelets erinnern, die einen viel derberen, stark-knochigen Charakter besitzt. Wie sich aber — und die feste Begründung dieser Thatsache hat mir eine hohe Befriedigung gewährt — die Detail-Verhältnisse des Schädels hiezu verhalten, wie das eine neu hinzukommt, das andere schwindet, bis sich endlich der Schädel der Salamandrina herausentwickelt, werde ich in den folgenden Blättern zur Genüge hervorzuheben Gelegenheit haben.

Nach abwärts zu der niedersten Wirbelthier-Klasse hatte man bekanntlich längst schon die vermittelnden Glieder in den Dipnoi und den Perennibranchiaten erkannt, während zwischen Amphibien-und Reptilien-Welt eine Kluft bestand, die bis jetzt vergeblich der Ausfüllung harrte.

Dass die Gymnophionen in diesem Sinn, wie die alte Zoologie wollte, nichts weniger als verwerthbar sind, ist längst eine erwiesene Thatsache; das einzige, was bei ihnen an den Reptilien-Typus etwa erinnern könnte, ist der wurmartige lang gestreckte Leib, während sie die niedrige Skelet-Bildung mit den biconcaven Wirbeln und die ganze innere Organisation überhaupt einem Zweige des Thierstammes zutheilt, welcher keine uns bekannten weiteren Sprossen getrieben hat. Gerade so verhält es sich mit den Panzerlurchen der Steinkohlen-Zeit und den Labyrinthodonten der Trias, von welchen die Gymnophionen mit grösserer oder geringerer Berechtigung gewöhnlich abgeleitet werden, und es lässt sich bei unsern jetzigen Kenntnissen über diese Urformen, wohin auch noch der Protero-

saurus und Rhophalodon des permischen Systems gehört, nichts Sicheres über die Beziehungen zu den Reptilien
sowohl als den Amphibien aussagen.

Auch die Anuren, welche man gewöhnlich als die höchsten Vertreter der Amphibien-Welt betrachtet, da sie in
ihrer Entwicklung die niederen Stufen alle durchlaufen
haben, repraesentiren nur einen Seitenzweig, der zu einer,
ein für allemal abgeschlossenen Entwicklungsstufe gedieh,
von der aus wir vergeblich den rothen Faden suchen, der
uns zu der Reptilien-Welt führen soll.

Somit bleiben uns nur die Urodelen, die in ihren Unter-
ordnungen leicht von einander ableitbar sind und in den
Tritonen die höchste Entwicklungsstufe erreichen. An sie
schliesst sich also die Salamandrina an, und wie aus dem
Folgenden hervorgehen wird, ist dieselbe nicht nur als
höchst entwickelte Form der Amphibien überhaupt aufzufassen, sondern sie besitzt namentlich in ihrem Schädelbau gewisse Eigenthümlichkeiten von so durchgreifendem morphologischen Werthe, wie wir ihnen nur in der Repti-
lienwelt wieder begegnen. Ich betone diese nahen Beziehungen zu den Reptilien mit um so grösserer Freude, als
auch schon von anderer gewichtiger Seite auf den engen
Zusammenhang gewisser Skelet-Theile dieser beiden Wir-
belthierklassen hingewiesen worden ist. So sagt Gegenbaur : » Es bieten (also) unter den Amphibien die Ungeschwänzten, wie sonst in ihrem Skeletbaue, auch in der
Carpus-Bildung einen eigenthümlichen aus dem Carpus-
baue der Geschwänzten zwar ableitbaren, allein wie
sofort nachgewiesen werden soll, nicht in höhere Orga-
nismen übergehenden Zustand dar. Das geht recht deutlich aus einer Untersuchung des Carpusbaues der Reptilien hervor, welche in keiner ihrer Abtheilungen an die
Amphibia anura angeschlossen werden hönnen. Wohl aber
finden sich bei ersteren sehr auffallende Uebereinstimmungen
mit den geschwänzten Amphibien, indem die einzelnen Theile

des Carpus der Chelonier aus dem bei den Salamandrinen, wie bei den Perennibranchiaten und Derotremen dargelegten Verhalten, unmittelbar abgeleitet
werden hönnen.

HISTORISCHES.

Von den vielen Quellen in der Litteratur, welche über die
Salamandrina handeln, waren mir leider nicht alle zugänglich, weshalb ich mich in manchen Puncten an eine Arbeit Ramorino's halten werde, auf die ich später noch
ausführlicher zu sprechen komme, und in der sich eine,
wenn auch nicht ganz vollständige Zusammenstellung derselben findet.

Aus genannter Schrift ersehe ich, dass in der Naturgeschichte von Ferrante Imperato (Neapel 1599) zum erstenmale des Thieres Erwähnung geschieht, und zwar unter dem
Namen: « altra specie di Salamandra di rado ve-
duta ». Beigefügt ist noch eine Beschreibung, in welcher
die hauptsächlichsten Merkmale in solch klarer Weise ihre Berücksichtigung finden, dass kein Zweifel über die Identität
des in Frage stehenden Thieres möglich ist. Hier folgen seine
Worte: « Ausserdem gibt es noch eine selten vorkommende
Art von kleinerem Körper, und einem im Verhältniss zu diesem sehr langen und spitzen Schwanz. Die Farbe seines Rückens und die oberen Theile überhaupt sind total schwarz.
Die Farbe des Bauchs und die Unterseite des Schwanzes, sowie alle vier Füsse zeichnen sich durch eine lebhaft blutrothe
Farbe aus. Ausserdem besitzen die Thiere einige weisse Linien von mehr blasser Farbe über der Superciliar-Gegend,
was auch von der Unterseite des Kinns und den an den
Bauch grenzenden seitlichen Regionen gilt ».

Erst beinahe zwei Jahrhunderte später begegnen wir
wieder der Salamandrina und zwar in dem Werk des
Comte de la Cepède: Histoire naturelle des Qua-
drupèdes ovipares et des serpens. Paris 1788. Die

Abhandlung des Ferrante Imperato ist ihm offenbar un-
bekannt und er führt das Thier als neue Species unter dem
Namen « Les trois-doigts » auf, wobei er bemerkt, dass
er es vom Grafen von Mailli zum Geschenk erhalten habe.
Ich lasse hier einen Theil seiner Worte folgen: « C'est à M.
le Comte de Mailli, marquis de Nesle, que nous devons la
connaissance de cette nouvelle espèce de Salamandre, dont
il a trouvé un individu sur le cratère même du Vesuve, en-
vironné des laves brûlantes, que jette ce volcan. C'est une
place remarquable pour une salamandre, qu'un endroit en-
touré de matières ardentes vomies par un volcan; beaucoup
de gens pourraient même regarder la proximité de ces matières, comme une preuve du pouvoir de resister aux flammes,
que l'on a attribué aux salamandres ».

Dem entsprechend fügt der Autor eine Kupfertafel bei, die
im Sinn der damaligen Zeit gehalten, eine Landschaft mit
einer Felsengruppe im Vordergrund darstellt, auf der man
Salamandrinen herumkriechen sieht; im Hintergrund bemerkt man den feuerspeienden Vesuv. Wenn man auch das
Thier nach dieser Abbildung zur Noth wieder erkennen kann,
so besitzt es doch im Einzelnen viele Fehler, worunter vor
allem die spitze Kopfform, die Vorder-Extremitäten, welche
der beigefügten Beschreibung entsprechend nur drei Finger
besitzen, während die hinteren mit vieren richtig gezeichnet
sind. Endlich wäre noch zu nennen der dicke aufgetriebene
Leib, wie ihn nicht einmal die mit Eiern angefüllten Weibchen im Frühjahr besitzen; der Schwanz mit den starken
seitlichen Einkerbungen ist, worauf später auch hingewiesen
wird, offenbar nach einem eingetrockneten Exemplare gezeichnet.

Was den Fundort anbelangt, so fügt de la Cepède die
ganz richtige Bemerkung bei, dass er darin nichts Charakteristisches erblicke, vielmehr anzunehmen geneigt sei, dass
das Exemplar des Grafen von Mailli nur durch einen reinen
Zufall auf den, für jedes lebende Wesen die allerungünstig-
sten Bedingungen darbietenden, Krater des Vesuvs verschla-

gen worden sei. Das Farbenkleid findet in folgenden Worten seine Beschreibung: « couleur brune foncée, mêlée de roux sur la tête, les pieds, la queue et le dessous du corps ». Wie es nun oft zu gehen pflegt, dass der eine Schriftsteller einfach von den früheren copirt, so wurden auch die Fehler des oben genannten Autors immer und immer wieder reproducirt. So zuerst von Bonnaterre, (Tableau encyclopédique des trois règnes de la nature. Paris 1789) der das Thier ebenfalls unter dem Namen S. à trois-doigts aufführt und sich folgendermassen darüber vernehmen lässt: « S. ter-digitata pedibus anterioribus tridactylis: posterioribus tetradactylis: digitis fissis, muticis: corpore fusco ». Alle weiteren Bemerkungen sind einfach von Lacepède copirt, wie auch die zwei Abbildungen auf Tafel XII.

Auch Latreille (Naturgeschichte der Reptilien 1801) fusste offenbar nicht auf eigenen Beobachtungen, indem er dafür den Namen Salamandra tridactyla einführte, welcher später auch von Daudin (Histoire naturelle des Reptiles) acceptirt wurde. Dieser fügt übrigens die Bemerkung bei: « il serait possible, que cette petite salamandre eût le même nombre de doigts, que toutes les espèces précédentes, (i. e. Tritonen) et qu'un doigt ait été mutilé à chaque pied par quelque accident ».

Gleichwohl wurde der alte Name von allen übrigen Autoren bis zu Merrem (Versuch eines Systems der Amphibien. Marburg 1820) beibehalten.

Erst Savi (Sopra una nuova specie di Salamandra terrestre 1821 und 1828) lieferte die erste, wirklich brauchbare Beschreibung dieses Thieres und gab ihm den Namen Salamandra perspicillata, nach der brillen-ähnlichen Zeichnung auf der Schädel-Oberfläche. Er wies dabei auf die fehlerhafte Bezeichnung hin, welche ihm alle früheren Beschreiber seit Lacepède gegeben hatten, und die Ungenauigkeit der letzteren erschien ihm offenbar so unbegreiflich, dass er sogar an der Identität des Thieres zu zweifeln geneigt war.

Die zwei beigefügten Abbildungen sind, wenn sie auch technisch manches zu wünschen übrig lassen, doch im allgemeinen als sehr brauchbar zu bezeichnen. Seine Schilderung des Colorits ist durchaus zutreffend, auch betont er ganz richtig die vier Finger sowohl an der vorderen als an der hinteren Extremität.

Somit wäre der Species-Namen auf Savi zurückzuführen, während Fitzinger (Neues System der Reptilien 1826) es für angezeigt erachtete, ein ganz neues Genus mit dem Namen Salamandrina unter Beibehaltung des Species-Namens: perspicillata dafür aufzustellen.

— Cuvier (Règne animal) nennt das Thier: la salamandre à lunette und fügt noch den Namen von Savi bei; auch er betont die vier Finger an der hinteren Extremität und bespricht kurz die Farbe und Heimath des Thieres.

Der von Fitzinger und Savi geschaffene Namen mochte Barnes (Americ. Journ. v. B. Silliman 1829) unzweckmässig erscheinen, denn er schlug dafür zur Bezeichnung des Genus: Sciranota und als Species-Namen: Condylura vor.

Wagler (Natürl. System der Amph. 1830) knüpft an die von ihm aufgestellte Species: « Salamandra parotidibus nullis » die Bemerkung: « Es ist möglich, dass die Salamander dieser Gruppe eine eigene Sippe bilden; ich kenne weder ihren Körperbau noch ihre Fortpflanzungsweise. Ebenso ungewiss lässt mich in diesem Betreffe Savi's Salamandra persp. ».

« Dieses Thierchen, welches ich in Berlin sah, hat den Habitus der Wassermolche, aber den rundlichen Schwanz der Salamander, und an allen Füssen vier, nicht, wie Lacepède angibt, drei Zehen. — Die Salam. Japonica, welche Thunberg in Japan fand, gehört zur zweiten Gruppe dieser Sippe. Ich habe sie noch nirgends gesehen ».

Dass Tschudi (Mémoires de la Soc. d. Scienc. nat. Neuchàtel T. I. 1835) weiter sah, als alle übrigen Beschreiber dieses Thieres überhaupt, beweist folgende Notiz: « Salamandrina Fitz. ist in Beziehung auf das Skelet ein äusserst

merkwürdiger Salamander. Der Kopf weicht von dem der
übrigen Salam. bedeutend ab. Er ist eckig, der Scheitel tief
eingedrückt, die Gesichtsknochen stark entwickelt. Die Nasenlöcher sind seitlich, die Zunge ist herzförmig. Ich hatte
nicht Anlass ein Skelet dieses Thierchens zu vergleichen,
glaube aber, wenn mich meine Untersuchungen an den
Exemplaren in Weingeist nicht täuschen, dass auf jeder Seite
des Os sphenoid. eine Reihe Gaumenzähne stehe. — Das Skelet
bietet gewiss mehrere Abweichungen dar; die Rippen scheinen
entwickelter als bei den übrigen Salamandern zu sein ».

Bonaparte, (Fauna italica 1832-41), der sich im Wesentlichen auf die Farben-und Maassverhältnisse beschränkte, fügte
der Beschreibung Savi's so gut wie gar nichts Neues bei,
worauf auch Ramorino aufmerksam macht. Dagegen sind
die zwei Figuren, welche das Thier vom Rücken und von
der Bauchseite darstellen, ziemlich gut der Natur abge-
lauscht, wenn sie auch der dick aufgetragenen Farbentöne
wegen, welche nirgends eine Rundung der Formen erkennen
lassen, nur geringen künstlerischen Werth besitzen.

Nicht besser verhält es sich mit den Angaben von Duméril und Bibron (Erpetologie générale 1834-54) welche
sich im wesentlichen an Savi und Bonaparte anlehnen.
Das Werk selbst war mir nicht zur Hand, weshalb ich hier
die Worte Ramorino's folgen lasse. « D. u. B. geben
an, das ausgetrocknete Exemplar von Lacepède wieder gefunden zu haben. In dem beifolgenden Atlas ist das Thier
abgebildet, aber es scheint, dass die Phantasie in dem Kopf
des Zeichners keine kleine Verwirrung angerichtet hat ».

Weder Dugès noch Latreille zählt die Salamandrina
unter den Urodelen Frankreichs auf, weshalb ich annehmen
zu dürfen glaube, dass sie diesem Lande gänzlich fehlt.

Ein Versuch von Gray, (Proceed. of the Zoolog. Soc. of
London 1858) die Familie der Salamander nach der Schädelform und namentlich nach der Zahnstellung in drei Unterab-
theilungen: 1) Seiranotiden 2) Pleurodeliden 3) Sa-
lamandriden zu theilen, ist als total missglückt zu bezeich-

nen, indem man dadurch gezwungen ist, die Salamandrina
mit den allerverschiedensten Arten zusammenzustellen, welche
er mit dem Namen Seiranotiden bezeichnet und also characterisirt: Schädel depress. Deutlicher Fronto-temporal-Bo-
gen mit den Schädelknochen verbunden. Zunge gross,
hinten frei. Körper granulirt. Longitudinale Zahnreihe an
den Ossa palatina, welche einen nach vorne convergirenden
Winkel erzeugen. Gut entwickelte Rippen. Wirbel oben
mit einem Kamm versehen. Gliedmassen gut verknöchert.
Zehen 4. 4.

Gray fügt dann noch eine Abbildung des Schädels der
Salamandrina bei, den kaum Jemand, der sich mit der Anatomie dieses Thieres etwas eingehender beschäftigt hat, als
solchen wieder erkennen würde, wenn nicht glücklicherweise
der Name darunter stünde. Die Form im Grossen und Ganzen
ist als total verfehlt zu bezeichnen, von den Detailverhält-
nissen gar nicht zu reden, zumal da sie grösstentheils gar
nicht berücksichtigt sind, und da wo sie es sind, nicht auf
die Natur, sondern nur auf die Willkür des Zeichners zurückgeführt werden hönnen. Was ich soeben über die Unzuläng-
lichkeit der von Gray aufgestellten Familie der Seiranotiden sagte, gilt Wort für Wort auch für Hallowell,
(Proceed. of the Acad. of Natur. science of Philadelphia 1866),
der in der von ihm vorgeschlagenen neuen Classification der
Amphibien in denselben Fehler verfällt, und die Salamandrina auch zu der Familie der Seiranotiden stellt.

Hat man sich endlich glücklich durch diesen Stoss von Lite-
ratur durchgearbeitet, so ruht der Blick mit einer Art von
Wohlbehagen aus auf der Arbeit eines genuesischen Stu-
denten, Namens Giovanni Ramorino. Unter dem Titel:
« Appunti sulla storia naturale della Salamandrina perspicillata » reichte sie der Verfasser als Dis-
sertation bei der Facultät in Genua ein im Jahre 1863. —
Nach einer kurzen historischen Einleitung geht er zu einer
Schilderung der anatomisch-physiologischen Verhältnisse über
und schliesst mit einer Besprechung der Entwicklungsge-

schichte. Wenn man auch nicht von einem tieferen Eingehen in die anatomischen Verhältnisse reden kann, so zeugt doch das Gebotene im Allgemeinen von einer seltenen Beobachtungsgabe und Schärfe des Urtheils, und man merkt so recht, mit welcher Liebe und Begeisterung der junge Mann sich in sein Thema vertiefte. Was in dieser Schrift steht, ist grösstentheils das Product eigener Arbeit und eigener Naturanschauung; nur gegen einen Punct möchte ich mich gleich von vorne herein erklären. R. betrachtet nämlich die Salamandrina sowohl nach ihrer äusseren Erscheinung als nach ihren Gewohnheiten mit Fitzinger als eine Uebergangsstufe zwischen den Salamandern und Tritonen, was dem Ergebniss meiner eigenen Untersuchungen zuwider läuft, insofern ich sie darnach als eine eigene Familie für sich und zugleich als höchst entwickelte Amphibienform überhaupt an das Ende der Tritonenreihe stellen muss.

In den letzten zwölf Jahren sind Ramorino's Arbeit noch drei kleinere Mittheilungen gefolgt, wovon die eine von Prof. Lessona (Turin) in den Proceed. of the zoolog. Soc. of London 1868 von Seite George Mivarts ihre Veröffentlichung fand. — Auch Schreiber (Herpetologia europaea. Braunschweig 1875) schenkt unserem Thier eine ziemlich eingehende Berücksichtigung; man erfährt aber hieraus so wenig, als aus Lessona's Arbeit, wesentlich Neues.

Der letzt genannte Autor scheint sich übrigens schon seit Jahren mit diesem interessanten Molche zu beschäftigen, was ich aus einer jüngst veröffentlichten Arbeit (Nota intorno alla riproduzione della Salam. persp. Torino 1875) ersehe. Gleichwohl ist auch hierin, sowohl was die äusseren Lebensbedingungen, als auch die Entwicklungsgeschichte anbelangt, gegenüber von Ramorino kaum etwas Neues zu finden. Was gerade die embryologischen Verhältnisse anbelangt, so war ich bei Lesung des Titels der kleinen Broschüre, wie man sich leicht denken kann, nicht wenig gespannt, hierüber wichtige Aufschlüsse zu erhalten. Wie sehr ich aber hierin enttäuscht wurde, möge der folgende kurze Auszug beweisen.

Die Entwicklung beginnt mit dem Auftreten des Primitiv-Streifens, (Reichert) worauf die Ausbildung der « Kopf- und Schwanzkappe » erfolgt; bald darauf erscheinen die zwei Saugnäpfe und gleichzeitig mit ihnen die ersten Anfänge der Kiemen und der v o r d e r e n Extremität. Letztere betont der Verfasser ausdrücklich, als ob daran etwas Wunderbares wäre! Am 20 oder 22. Tage nach der Befruchtung sprengt der Embryo seine gallertige Hülle, macht darauf einige fröhliche Schwingungen mit dem Schwanz und sinkt ermattet von dieser ungewohnten Anstrengung auf den Grund des Wassers. Zu dieser Zeit misst die Larve 12 Mm., ist dunkelgelb auf dem Rücken, hell an der Unterseite des Körpers, mit kleinen braunen Flecken besät, welche kurz darauf sich immer mehr häufen. Man sieht jetzt schon gut die Augen, die Mundspalte und Nasenöffnungen. Auch das pulsirende Herz und das in den Kiemen kreisende Blut, sowie die allmälig vor sich gehende dendritische Gliederung der Kiemen und das erst spätere Hervorsprossen der hinteren Extremität sind L e s s o n a nicht entgangen!

Am 40. Tag erscheinen die Zähne, welche darauf hinweisen, dass die Larve carnivor ist, was L. auch experimentell feststellte. [Dasselbe hat L e y d i g schon längst für die Larven aller Tritonen bekannt gemacht] Endlich sieht man die Larven ihren Kopf zuweilen aus dem Wasser heben : die Lungenathmung wird eingeleitet und damit am 55. Tage das Larvenstadium abgeschlossen. Als wichtigen Unterschied zwischen den Froschlarven und denen der S. hebt der Verfasser hervor, dass jene sich immer unruhig und in B e w e g u n g zeigen, wogegen diese gewöhnlich ein ruhigeres Temperament verrathen, wodurch sie leicht dem Auge des Sammlers entgehen.

Damit ist die Arbeit zu Ende, und man darf wahrlich fragen, ob sie nach unseren Begriffen von Entwickelungsgeschichte diesen Namen überhaupt verdient? Dazu kommen 30.

Abbildungen von sehr geringem künstlerischem Werth, welche uns die allmäliche Ausbildung der Kiemen, die Pigmentflecken (!) der Larve und das Hervorsprossen der Extremitäten vor Augen führen. Sapienti sat!

────────

Ehe ich nun zur eigentlichen Schilderung des Thieres übergehe, ist es mir Bedürfniss, Herrn Geheimerath von Kölliker meinen besten Dank für die Zuvorkommenheit auszudrücken, mit welcher er dafür besorgt war, mir theils aus seiner eigenen, theils aus der Münchener Staats-Bibliothek womöglich jede Quelle zu verschaffen, die mir für meine Arbeit irgendwie von Nutzen sein konnte.

Dass ich mich dabei nicht nur auf die zu Salamandrina allein in Beziehung stehenden Werke beschränken konnte, sondern dass ich über die ganze reiche Amphibien-Literatur überhaupt einen Ueberblick zu gewinnen versuchen musste, liegt auf der Hand. Auch bei den Untersuchungen selbst hatte ich, wollte ich mir nicht den Vorwurf der Einseitigkeit zu Schulden kommen lassen, von demselben Princip auszugehen, wesshalb ich auch bemüht war, alle unsere deutschen Urodelen und theilweise auch noch die ausländischen Arten durch eigene Anschauung aufs gründlichste kennen zu lernen und zum Vergleich herbeizuziehen. Die Arbeit musste sich dadurch allerdings länger hinausziehen, als ich anfangs beabsichtigte, aber ich hatte auch einen doppelten Nutzen davon, ganz abgesehen, dass meines Wissens keine einzige Arbeit existirt, wo z. B. die Schädelverhältnisse unserer deutschen Tritonen, so. oft und viel sie auch gezeichnet und wiedergezeichnet worden sind, die für anatomische Untersuchungen unerlässliche genaue Berücksichtigung erfahren hätten. Ich will hier nur als Beispiel die Arbeit Leydig's « Ueber die Molche der Württemb. Fauna » zum Vergleiche herbeiziehen, die doch gewiss in biologischer Hinsicht geradezu als ein Meisterwerk zu bezeichnen ist. Wenn nun aber auch die beigegebenen Figuren in ihren äusseren Contouren richtig gezeich-

net sind, so bleibt man doch über die Detailverhältnisse,
z. B. gerade die gegenseitigen Beziehungen der einzelnen
Schädelknochen, d. h. den Lauf der Suturen etc. im Unklaren.
Es fällt mir übrigens nicht ein, dem gelehrten Herrn Verfasser daraus einen Vorwurf machen zu wollen, sondern ich
glaube vielmehr das Richtige zu treffen, wenn ich die Vermuthung ausspreche, dass L e y d i g in dieser Abhandlung, die,
wie oben schon angedeutet, keineswegs einen rein anatomischen Charakter trägt, überhaupt die Beigabe von mehr
skizzenartigen Abbildungen für genügend erachtete, worin
ich ihm vollkommen Recht geben müsste.

Gleichwohl war also hier noch eine Lücke auszufüllen
und Vieles von einem Gesichtspunct aus zu betrachten, der
den früheren Beschreibern ferner gelegen hatte; und so gehe
ich hiemit zur eigentlichen Schilderung der S a l a m a n d r i n a
über.

Allgemeine Betrachtung des lebenden Thieres.

Der Körper ist schlank, an den Seiten, beim nicht träch-
tigen Thier, nur mässig ausgebaucht, Fig. 1. und 3. und
schwach eingekerbt, was von den Rippen-Enden herrührt,
welche die Haut am Uebergang vom Rücken auf die Seiten
in Form einer Reihe hinter einander liegender Tubercula
aufheben. Die Wirbelsäule springt mit ihren Dornfortsätzen
stark vor.

Während der Rumpf mehr oder minder walzrund ist, besitzt
der Kopf einen depressen Character, Fig. 5. wenn auch lange
nicht in dem Maasse, wie S a l. m a c. und T r. a l p e s t r i s.
Fig. 6. und 7. Sein grösster Breiten-Durchmesser geht beim
lebenden Thier durch die Augen. Die zugerundete Schnauze
ist kürzer als bei allen übrigen Salamandern, was namentlich beim Anblick von oben her Fig. 4. deutlich in die Augen
fällt. Von oben her ist sie sowie die ganze Interorbital-Ge-
gend, des starken wulstigen Processus orbitalis wegen, den
das Stirn-und Thränenbein erzeugen, schwach vertieft und

fällt unter Bildung einer scharfen Kante seitlich in den Ober-
kiefer-Körper ab. Fig. 5. (Vergl. damit Tschudi l. c.).

Vorne an der Spitze trägt sie in der Mittellinie eine vorspringende Kante und daneben zwei kleine grubenartige
Vertiefungen Fig. 1. was seinen Grund in der eigenthümlichen Configuration des Zwischenkiefers hat, worauf ich später
noch einmal zurückkomme.

Wenn es an verschiedenen Stellen heisst: « die Parotiden
sind selbst nach langem Liegen im Weingeist kaum sichtbar »,
so will ich das gerne glauben, denn sie existiren überhaupt
nicht als vorspringende Wülste, sondern was bei Alkohol-
und noch besser bei eingetrockneten Exemplaren dafür imponirt, ist der stark die Haut aufwerfende Fronto-tem-
poral Bogen.

Ebensowenig ist eine der Linea lateralis entsprechende
Drüsenreihe, wie z. B. bei Sal. atra in Form von kleinen
Knötchen zu bemerken. Gleichwohl erfährt man durch das
Mikroscop, dass an den betreffenden Stellen die Hautdrüsen
grösser sind, als am übrigen Körper. Die Nasenlöcher sind
rundlich und weit nach vorn an die Schnauze gerückt.

Was die durch die lateralen Rippenenden erzeugte, den
Rücken von den Flanken trennende Kante betrifft, so könnte
man vielleicht an den Trit. helveticus denken, der bekanntlich auch Seitenkanten besitzt, diese werden übrigens,
was Leydig (l. c.) ganz richtig hervorhebt, hier nicht durch
die Rippen, sondern einzig und allein durch einen Hautwulst
erzeugt.

Der pfriemenförmige Schwanz ist immer länger und viel
niedriger als der Rumpf und verjüngt sich nach hinten zu
nur sehr allmälig; an seiner Wurzel ist er, abgesehen von
der Oberseite, wo die Wirbeldornen vorspringen, mehr gleichmässig abgerundet, während er gegen die Schwanzspitze hin
in transversaller Richtung bandartig plattgedrückt erscheint.
Seine ganze Unterfläche wird von einer glatten, drüsenlosen
zugeschärften Kante eingenommen, bei welcher man in Anbetracht der platten Configuration der Schwanzspitze an die

letzten Reste eines zu Grund gegangenen Ruderschwanzes denken könnte; denn gerade nur hierin liegt der wesentlichste Unterschied von den Tritonen.

Die Extremitäten besitzen vorne und hinten nur vier kurze abgerundete dicke Finger, welche wohl getrennt und nirgends durch eine Schwimmhaut verbunden sind. Sie zeichnen sich durch einen schwachen gracilen Habitus aus, welcher viel mehr an die Tritonen als die Salamander erinnert. Die ganze Haut ist rauh, höckerig, d. h. über und über mit stark vorspringenden Knötchen besät, von denen jedes einer kleinen Hautdrüse entspricht.

Ueber die Zunge und Zahnstellung handeln die speciellen Kapitel, so dass ich hierüber fürs erste hinweggehen kann.

Um die gegenseitigen Maassverhältnisse der einzelnen Körperregionen besser überschauen zu können, lasse ich hier eine Zusammenstellung derselben folgen:

Kopf ... 7-8 Mm. Länge
(bis zur Halseinschnürung)
Rumpf ... 25-27 » »
Schwanz .. 45-50 » »
Das ganze Thier . 78-85 » »

Es stimmt daher der Brillensalamander mit den kleinsten unserer Tritonen (taeniatus und helveticus) an Länge ungefähr überein, was aber nur auf Rechnung des langen Schwanzes, der bei T. taeniatus nur 40 Mm. erreicht, zu setzen ist.

Die grossen Augen besitzen einen lebhaften Ausdruck, worauf auch Ramorino schon hinweist, und sind von tief schwarzer Farbe. Die Pupille sehe ich an Spiritus-Exemplaren nach unten winklig vorspringen, was bekanntlich auch bei unsern Tritonen beobachtet wird; die Iris wird durch einen äusserst schmalen goldschimmernden Reif dargestellt, der, wie es mir scheinen will, an seiner oberen und unteren Circumferenz am stärksten ist.

Die Farbe.

Wenn R a m o r i n o (l. c.) sagt: « die Farbe des Rückens ist intensiv schwarz », so kann ich dem nicht beipflichten, denn das Schwarz macht vielmehr den Eindruck, als wäre es erst nachträglich auf einem rothbraunen Grundton aufgetragen, welcher namentlich an den hervorragenden Stellen, also der ganzen Wirbelsäule entlang, an den Rippen, besonders aber an der Oberfläche des Schädels und den Extremitäten stark hervortritt. Uebrigens ist die Vertheilung beider Farbentöne den allergrössten individuellen Schwankungen unterworfen und verhält sich auf beiden Seiten eines und desselben Thieres keineswegs symmetrisch. Ebenso sind die Flecken auf dem Kopf, nach welchen das Thier von S a v i seinen Species-Namen erhielt, nach Form und Farbe bei jedem Exemplar wieder anders.

Bald begegnet man hier einem braunen Ton, der entweder ins Röthliche oder Gelbliche spielt, bald trifft man eine mehr weissliche Farbe und noch häufiger sieht man ein blasses Fleischroth. Oft kann man in den Flecken überhaupt keine Brillenform mehr erkennen und zuweilen sind sie sogar kaum angedeutet oder besitzen. ganz unregelmässige verwischte Contouren. Am häufigsten trifft man sie in Form eines nach vorne zu offenen Winkels Fig. 4. wobei sich der hellere Ton meistens auf die deutlich ausgeprägten Augenlider und manchmal auch noch auf die Seitenränder der Schnauze fortsetzt.

Im letzten Fünftel des Schwanzes habe ich nie die schwarze Farbe getroffen, sondern immer nur ein zartes röthlich-braunes Colorit, das sich in seltenen Fällen zu einem lebhaften Roth steigern konnte.

Wie die Farbe des ganzen Körpers überhaupt, so ist auch die der Unterseite in ihrem Grundton sehr von der Häutung abhängig; denn während sie v o r dieser ein s c h m u t z i-g e s G e l b darstellt Fig. 1. ist sie unmittelbar n a c h derselben glänzend weiss und zugleich haben die vorher gelblich-rothen Flecken, welche für die ganze Unterseite des Thieres charakteristisch sind, ein strahlend hochrothes Colorit angenommen. Fig. 1. und 2. Neben der rothen Zeichnung finden sich an der Unterseite auch noch schwarze Inseln; beide aber unterliegen sowohl nach Form als nach Gruppirung dem allerwechselndsten Verhalten. Das einemal Fig. 3. kann das R o t h nur auf die Extremitäten, die Cloakengegend und den Schwanz, und das S c h w a r z auf die Flanken und die Kehlgegend beschränkt sein, während die ganze Bauchfläche rein weiss bleibt; das andremal Fig. 2. bedeckt das R o t h fast die ganze Unterseite und die schwarzen Flecken finden sich dann auch am Abdomen vor. Am constantesten finde ich eine cravatten-ähnliche, breite schwarze Binde an der Kehlgegend, während die Unterkinngegend gewöhnlich weiss bleibt. Auch die unmittelbare Umgebung der Cloake bleibt meistens hell, während nach aussen von ihr die schwarze Farbe des Rückens der Schwanzwurzel constant als schmale Spange weit gegen sie herabgreift. Fig. 1. 2. 3.

In Alkohol verblasst die rothe Farbe sehr rasch und ist dann nur noch als eine matt-gelbe Zone von der weissen Grundfarbe zu unterscheiden.

R a m o r i n o (l. c.) macht folgende interessante Bemerkung: « Einmal stiess mir ein Fall von A l b i n i s m u s auf. Das betreffende Thier war ziemlich kleiner, als gewöhnlich. Die Farbe war nicht vollkommen weiss, sondern zeigte einen Stich in's Gelbliche; die rothe Zeichnung fehlte ganz und gar und in der Gleichmässigkeit des Farbentones war zwischen der Ober-und Unterseite kein Unterschied zu bemerken ».

Das Leben der Salamandrina.

A.) Aufenthaltsort und. allgemeine Lebensbedingungen

Die Worte Bonapartes « si gode della terra » weisen ganz richtig darauf hin, dass wir es mehr mit einem Land- als einem Wasserbewohner zu schaffen haben. Da die Thiere ihres verborgenen Lebens wegen in der Freiheit nur sehr schwer zu beobachten sind, so sieht man sich gezwungen, einen grossen Theil der Beobachtungen an den in Gefangenschaft ge- haltenen Exemplaren zu machen.

Die beste Ausbeute machte ich immer an regnerischen war- men Tagen, während ich zur Zeit des Sonnenscheins kein einziges Exemplar zu Gesicht bekam. Die Salamandrina schliesst sich also hierin ganz unseren beiden deutschen Landsalamandern an, und lebt wie sie, im Gegensatz zu den sumpfbewohnenden Wassermolchen, nur einen kleinen Theil des Jahres in hellen Gebirgswassern oder wenigstens in der Nähe derselben. Sie sucht hiebei vorzugsweise solche Stellen auf, wo der felsige Bachgrund von Stelle zu Stelle kleine Becken bildet, welche unter immerwährender Speisung mit frischem Wasser dem Thiere einen ruhigen, von der Strömung nicht beeinflussten Zufluchts-Ort gewähren. Häufiger aber als im Wasser selbst, fand ich sie in den mit Moos und Algen über- wucherten Fels-Spalten und namentlich da, wo der am Ufer sich hinziehende überhängende Rasen unter sich einen kleinen Hohlraum erzeugt. An diesen Stellen finden sich die günstigsten Bedingungen für die Thiere alle vereinigt : Schatten, Kühle, Feuchtigkeit und Nahrung. Hier liegen sie in wunderbaren Verschlingungen und zu dicken Klumpen ge- ballt in grosser Zahl bei einander, was man auch in der Gefangenschaft beobachten kann; nur selten sieht man ein einzelnes Exemplar langsam über eine Felsplatte sich hin- bewegen.

Alle diese günstigen Umstände trifft man in den, von vielen Schluchten und Thal-Einschnitten durchzogenen Bergen

nordwärts von Genua, so dass man hier in den Tagen des
Frühjahrs immer sicher auf eine gute Jagd zählen kann,
worauf auch Lessona und Ramorino aufmerksam machen.

Als den günstigsten Punkt nenne ich Valle di S. Bar-
naba; ein kleiner Bach zieht sich durch die Einsenkung auf
felsigem Grund thalabwärts dem Meere zu. In den Winter-
monaten schwillt er oft bedeutend an, wodurch der überhängende Rasen auf weite Strecken am Ufer hin unter-
minirt wird, wodurch für die oben angedeuteten Schlupf-
winkel im ausgedehntesten Maasse gesorgt ist. Die Thiere
steigen nicht hoch am Berge hinauf, sondern nehmen an Menge
zu, je mehr man sich der Thalsohle nähert, wo stets auch
die grösseren Wasserbecken getroffen werden.

Nach Verfluss des Frühjahrs trifft man sie nicht mehr in
den Bächen und es ist, als wären sie gänzlich vom Erdboden
verschwunden. Nur zufällig stösst man auch in den heissen
Sommer-Monaten an feuchten Plätzen, wo sich Kastanien-
bäume und Citronen-Gebüsche, oder auch niedriges Gestrüppe
verschiedener Art vorfinden, auf dieses oder jenes Exemplar;
es befindet sich dann aber wie in einem halb betäubten Zustande, was darauf hinweist, dass die Salamandrina tief
unter der Erde, unter Wurzeln und Blättern versteckt eine
Art von Sommerschlaf hält, worauf auch Ramorino
schon hingewiesen hat. Auch Lessona (l. c.) bemerkt:
« On pourrait donc dire, que la Salamandrine a une sorte
de sommeil léthargique l'été, et pas l'hiver ». Er fügt noch
hinzu, dass der Winterschlaf der Salamander überhaupt wohl
weder ein sehr tiefer noch ein constanter genannt werden
könne, und erzählt als Beispiel, dass zu Lanzo, einem
sehr kalten Punct der piemontesischen Alpen, und zudem
während eines starken Schneefalls am 8ten Januar ein Exemplar der Salamandra maculata in laufender Bewegung gesehen worden sei.

Ob in Deutschland etwas Aehnliches beobachtet worden ist, vermag ich nicht anzugeben; mir selbst, der ich

mich schon seit längerer Zeit mit diesen Thieren beschäftige, ist nichts dergleichen vorgekommen.

Es ist übrigens Salamandrina nicht das einzige Thier von Süd-Europa, an dem man einen Sommerschlaf beobachtet, indem auch von verschiedenen Batrachiern Sardiniens dasselbe gemeldet worden ist. Es ist dies wohl als Resultat der grossen Trockenheit aufzufassen, welche die, fast von allem Baumwuchs entblössten kahlen Berge um Genua überhaupt charakterisirt; die meisten, oder vielleicht alle der kleinen Bäche, in welchen ich schon in der ersten Hälfte des Mai kaum noch Spuren von Wasser fand, mögen unter den glühenden Strahlen der Sonne, welche sie von früh morgens bis spät Abends bescheint, vollkommen austrocknen und das Thier verliert so selbst die geringe Wassermenge, welche ihm zur Bewerkstelligung der Häutung unumgänglich nothwendig ist; es schläft ein, und man hat hiemit das schönste Beispiel einer Anpassung an die umgebenden Verhältnisse in Form einer Reaction des ganzen Organismus in den allerwichtigsten und tiefeingreifendsten physiologischen Verhältnissen!

Ramorino spricht der Salamandrina Liguriens wenigstens jeden Winterschlaf ab und sagt, dass er selbst im Monat December, als das Land ringsum mit Schnee bedeckt war, das Thier in munterem und lebhaftem Zustande getroffen habe.

Treten im Herbst die Regentage ein, so kommen die Thiere wieder aus ihrem Versteck hervor und dies ist somit die zweite Jahres-Zeit, wo sie leicht zu bekommen sind; man hat dann nicht nöthig, dem Wasser nachzugehen, sondern findet sie allenthalben auf Wiesen, in Weinbergen und selbst auf hohen Bergen, was auch von Toscana und Süd-Italien berichtet wird. (cfr. das vom Grafen Mailli gefundene Exemplar!) Nähert man sich einem in Bewegung begriffenen Thiere, so hält es im Lauf plötzlich inne, hebt den Kopf empor, wie um zu lauschen, und ist die Gefahr glücklich abgewendet, so setzt es seinen langsamen Marsch

unter immerwährenden Schlangenwindungen fort, um bald
darauf wieder inne zu halten, wobei es seinen Schwanz in
graziösen Windungen aufrollt und wohl auch damit seine
Flanken schlägt, ganz so wie wir es von den katzenartigen
Thieren gewöhnt sind. Im gefangenen Zustand kann man sie
oft viele Stunden lang in dem oben genannten wirren
Knäuel regungslos daliegen sehen und erst wenn man z. B.
ein Nest von jungen Keller-Asseln in das Gefäss hineinsetzt,
kommen sie in Bewegung und laufen auseinander.

B.) Die Nahrung.

Die Hauptmasse der Insecten, welche ich im Magen vorfand, bestand aus Myriapoden, Orthopteren und Coleopteren und bei den Larven aus kleinen Crustenthieren
der verschiedensten Art, ich nenne vor allem Daphniden, Cy-
priden und Lynceiden. Der Magen ist zuweilen bis zum Zer-
springen damit angefüllt, während ich gegen das Ende des
Darmcanals zu nur den unverdaulichen Resten, d. h. den
aus harter Chitin-Masse bestehenden Flügeln, Mundtheilen etc.
der Insecten begegnete. Die Zähne, welche mit ihrer Concavität nach rückwärts schauen, dienen wie bei allen Amphibien überhaupt, nicht zum Zerreissen, sondern nur zum Festhalten der Beute.

Lessona (l. c.) erzählt, dass es ihm gelungen sei, eine
einzige Larve durch Vorhalten der an einer Nadelspitze be-
festigten Nahrung künstlich zum fressen zu bringen, während
er sowohl wie alle Uebrigen, die darauf ihr Augenmerk rich-
teten, niemals bemerkt habe, dass das Thier in der Gefangenschaft Nahrung zu sich nehme. Ich bemerke hiezu, dass
ich nicht viel glücklicher war, jedoch machte ich bei den
erwachsenen Thieren, die ich in grossen Mengen in verschiedenen entsprechend eingerichteten Behältern in Genua
hielt, die Beobachtung, dass das eine und das andere Exemplar nach den lebendig eingesetzten Poduriden und As-
seln schnappte und die Beute wohl auch verschlang. Mei-

stens jedoch wurde sie wieder losgelassen, als wolle sie dem
Thiere nicht recht munden. Dies war nur wenige Tage nach
dem Einfangen der Salamandrinen der Fall; später sah ich
dies nie mehr, und auch in Deutschland brachte ich sie nie
zum fressen, trotzdem dass ich stundenlang mit einem feinen Netz die Wiesen um Würzburg herum abstreifte, und
auf diese Weise eine Unmasse von Insecten aller Gattungen
zusammenbrachte. Ameisen und Spinnen, welche der
Turiner Autor allein als die Nahrung der Salamandrina aufführt, habe ich nur äusserst selten im Tractus angetroffen.

C.) **Haut-Sekret.** (VERTHEIDIGUNGSMITTEL).

Ihre einzige Waffe besteht in den Hautdrüsen und in der
Flucht; diese geht aber so langsam vor sich, dass das Thier
auch von einem nicht sehr gewandten Verfolger leicht ein-
geholt werden kann. Was das Haut-Secret anbelangt, so wurde es lange Zeit
dem Thier ganz abgesprochen, was darin seinen Grund hatte,
dass es nicht jene milchige Farbe und dickliche Consistenz,
wie bei unserem Landsalamander besitzt. Fasst man das Thier
rasch und etwas unsanft an, so wird zuerst aus der Harnblase
ein starker Strahl Urin entleert, was auch von allen unseren
Batrachiern bekannt ist; darauf sieht man den ganzen Körper
wie mit einem zarten Flor sich überziehen und nimmt man
die Lupe zur Hand, so wird man ganz kleiner Tröpfchen
gewahr, welche je einem Drüsenknötchen aufsitzen.

Diese fliessen allmälig zusammen, und die ganze Körper-
oberfläche erscheint dadurch feucht und glänzend; noch viel
deutlicher überzeugt man sich von der bedeutenden Secretions-
Fähigkeit der Haut, wenn man nach dem Vorgang Ramorinos das Thier unter Wasser reizt, oder wenn man es in
Glycerin oder Spiritus setzt; es sieht dann aus wie mit einem
Silber-Schleier überzogen.

In wie weit dem Secret eine ätzende und giftige Wirkung zuzuschreiben ist, muss ich dahingestellt sein las-

sen; Katzen und Kaninchen, welche Savi die Salamandrina verschlucken liess, hatten keinen Schaden davon;
damit ist aber asolut nichts bewiesen und es ist unzweifel-
haft für kleinere Thiere, so gut dies auch bei Salam. macul. der Fall, von giftiger Wirkung! Nie bleibt an der Haut
ein Tropfen Wasser hängen, so dass man das Secret auch als
eine ölige Substanz auffassen lernt, welche das aus dem
Wasser genommene Thier immer trocken erscheinen lässt. Bei
den Landleuten in Mittel-und Süd-Italien ist das harmlose Ge-
schöpf sehr schlimm angeschrieben. Wenn man nur darauf
trete, so soll eine bösartige Wunde entstehen und was dergleichen Dinge mehr sind, welche wir in ganz derselben Weise
auch bei unsern Bauern zu hören Gelegenheit haben, wenn
sie auf den gefleckten Landsalamander zu sprechen kommen.

D.) Die Stimme.

Leydig (l. c.) macht die Bemerkung, dass bereits
anno 1802 von Wolff in « Sturm's Deutschlands Fauna »
erkannt wurde, dass die Tritonen nicht stimmlos seien.
Dem ist beizufügen, dass schon zwei Jahre vor Wolff von
Latreille (Histoire nat. des Salam. de France) folgende
Mittheilung veröffentlicht wurde: « Enfin les Salamandres
ne sont pas totalement privées de l'organe de la voix; mais
la Nature, que nous avons vue avare à leur égard, n'est pas
içi plus généreuse; elle semble même nous annoncer, qu'elles
sont les derniers animaux doués de la faculté de tirer quel-
ques sons du gosier. Un cri rauque, ou une espèce de siffle-
ment, qui se fait entendre à la surface des eaux, est le der-
nier accent d'une voix expirante: nous touchons à des classes
d'animaux muets pour nous ».
     Darin liegt Poesie und volle Wahrheit nebeneinander, und
was die Stimme von T. alpestris und cristatus anbelangt, so kann ich Latreille vollständig darin bestätigen,
dass diese beiden Tritonen zuweilen einen heiseren Ton hören
lassen, ja zuweilen besteht die ganze Lautäusserung nur in

einer stossweise vor sich gehenden, zischenden Exspiration,
und mehr als letztere habe ich bei Salamandrina nicht
bemerkt, während ihr Ramorino jede Lautäusserung überhaupt abspricht. Leydig macht auf einen « hellen, quä-
ckenden Ton », den die Tritonen beim raschen Anfassen aus-
stossen sollen, aufmerksam.

E.) Zähes Leben.

Zeichnen sich die Amphibien überhaupt hierin vor allen
andern Geschöpfen aus, so nimmt unter ihnen der Brillensalamander vielleicht den ersten Rang ein. Ramorino sagt
hierüber: « Viele Exemplare, bei lebendigem Leib secirt
und bereits geöffnet, fuhren fort, sich zu bewegen und zur
Flucht anzuschicken. Einem der Thiere, welchem der ganze
Tractus intestinalis und die Eierstöcke herausgeschnitten
waren, gelang es, sich von dem Tischchen, auf welchem es
sich befand, los zu machen; es setzte sich in laufende
Bewegung, wie wenn es unversehrt gewesen
wäre, und schleppte dabei die Ueberreste dieser Organe
hinter sich her.

F.) Der Häutungsprocess.

Ich folge in diesem und dem nächsten Abschnitt genau der
Darstellung Ramorinos, da ich hierüber aus eigener Er-
fahrung nichts Wesentliches hinzuzufügen wüsste.

Die Häutung findet statt am Ende des Fortpflanzungs-
geschäftes; wenige Tage später nemlich sieht man das in
Gefangenschaft lebende Thier wieder in's Wasser zurückkehren
und sich unaufhörlich und unter sichtbarer Unruhe in dem
Gefäss herumbewegen, wobei es sich immer an den Steinen, welche den Grund des Wassers bedecken, zu schaffen
macht. Eines Tags begann die Haut an der Mundgegend sich
loszuschälen, und das Thier drängte unter beständiger Rei-
bung des Leibes an den rauhen Kanten und Flächen, immer nach vorwärts, um die Haut dadurch zurückzustreifen.

Endlich löste sich auch die Epidermis am Kopf und Halse bis zu den Vorderextremitäten ab, worauf sich das Thier in der grössten Verlegenheit befand, weil es durch die Behinderung seiner vorderen Extremitäten im Vorwärtsgehen gehemmt war. Es machte regellose und ungestüme Bewegungen, bis es ihm gelang, sich frei zu machen und seinen Weg fortzusetzen.

Dasselbe Schauspiel — nur weniger ausgeprägt, da es mit den Vorder-Extremitäten nachhelfen konnte, — fand bei den Hinterbeinen statt. Als die Losschälung der Haut bis zur Schwanzwurzel gediehen war, machte das Thier ermattet eine Pause, und überliess die Loslösung des Restes sich selbst, was der konisch sich zuspitzenden Schwanzform wegen leicht von statten ging. Alles dies erregte den komischen Anschein, als schleppte das nun wieder in lebhaften Farben prangende Thier an seiner Schwanzspitze noch ein zweites von derselben Form und Grösse mit sich umher. In zwei bis drei Tagen ist dieser Process bei den in Gefangenschaft lebenden Thieren beendigt.

Die Heimath der Salamandrina.

Sie wurde bis jetzt nur auf dem Westabhang der Appenninen gefunden und sie beginnt gleich jenseits von Genua auf der Westseite der Riviera; trotz häufig angestellter Nachforschungen ist sie jedoch bis dato noch nie in der Gegend um Nizza und in der Provence aufgefunden worden. In ganz Ligurien bis zum Südabhang der Appenninen findet man das Thier überall zerstreut; es ist sehr wohl gekannt im Scrivia-Thal und folgt dann immer dem Zug der Appenninen-Kette auf der dem Mittelmeer zugekehrten Seite bis hinab zum Ende der italienischen Halbinsel.

Bis jetzt ist es weder in Sicilien noch im ganzen Po-Thal gefunden worden und ebenso wenig auf dem Ost-Abhang der Appenninen. Gené führt die Salamandrina nicht unter den, von ihm mit grossem Fleisse gesammelten, Reptilien Sardiniens auf, während Duméril behauptet, sie von

dort erhalten zu haben. Wenn sich das bewahrheiten sollte
— und es steht der Annahme nichts im Wege — so ist es
sehr wahrscheinlich, dass sie sich auch auf Corsica findet,
obgleich sie noch nicht von dort gemeldet wurde.

An allen übrigen Puncten Europas scheint sie zu fehlen,
selbst dort, wo sich die Fauna, der klimatischen Verhältnisse
wegen, der von Italien nähert, wie z. B. Frankreich
Spanien und Griechenland. Worauf eine Angabe Grays,
dass sie auch in Dalmatien vorkomme beruht, weiss
ich nicht, jedoch wurde dies bis jetzt noch von Niemand bestätigt, es wäre aber in Anbetracht ihres verborgenen, und
allem Anschein nach grossentheils nächtlichen Lebens sowie
ihrer ausserordentlichen Kleinheit wegen, nicht unmöglich,
dass sie da und dort noch mit der Zeit auftaucht.

Bemerkungen über die Fortpflanzung.

Wenn ich auch hierüber meine Studien noch nicht zu Ende
geführt habe, so erachte ich es doch nicht für unzulässig,
einige Notizen hier schon folgen zu lassen, welche dazu
dienen mögen, zur Vervollständigung des entworfenen Bil-
des beizutragen.

Gleich am ersten Tage, als ich des lebenden Thieres zum er-
stenmal ansichtig wurde, hatte ich das Glück, eine Menge
von Eiern zu erbeuten; es war dies am 24 März und man
sah es denselben mit blossem Auge sofort an, dass sie in
der Entwicklung schon weit fortgeschritten waren. Sie mochten
in der ersten Woche des März abgesetzt worden sein, welches auch mit den Mittheilungen Anderer stimmt, wenn sie
behaupten, dass der Brillensalamander zuerst von
allen Amphibien der ligurischen Küste dem Fortpflanzungs-
geschäfte obliege. Dies würde auch für die Angabe Ramorinos sprechen, der, wie oben bemerkt, dem Thier den
Winterschlaf total abspricht.

Was den Ort der Eierablage anbelangt, so werden dazu
immer die kleinen Wasserbecken im Laufe der Gebirgsbäche

gewählt, deren ich früher schon Erwähnung gethan habe;
die Eier liegen darin meist im Schatten eines überhängenden
Gebüsches oder Felsens an irgend einem Körper, sei es an
einem ins Wasser gefallenen dürren Zweige, einer Wasser-
pflanze, oder auch an einem Steine befestigt.

Sie werden von einer dicken gallertigen Masse umgeben,
wie wir dies von unsern einheimischen Batrachiern her ge-
wohnt sind, und finden sich der Regel nach zu traubigen
Massen zusammengeballt, wobei die einzelnen Eier theils
unter sich, theils an dem unterliegenden festen Körper durch
Schnüre der gelatinösen Substanz verbunden sind. Fig. 139.
Das hierauf bezügliche Bild von Lessona (l. c.) lässt
diese letztgenannten Verhältnisse, die mir doch sehr charakteristisch scheinen, viel zu wenig hervortreten. Einzelne ange-
klebte Eier, welche mit der Hauptmasse nicht zusammenhängen, finden sich nur selten; am häufigsten noch in der Gefangenschaft.

Unsere Tritonen laichen bekanntlich nie vor Anfangs April
und setzen ihre Eier immer einzeln an Gegenstände ab,
welche ihnen gerade im Wasser aufstossen. Im gefangenen
Zustande jedoch und zu mehreren in einem engen Gefässe zusammen, weicht der T. cristatus nach Leydigs Beobachtungen von dieser Regel ab und lässt « eine grössere
Anzahl von Eiern, als kurze Schnur zusammenhän-
gend, auf einmal abgehen und ohne sie anzukleben, auf
den Boden fallen ».

Die Art der Eiergruppirung von Salamandrina ist
gewissermassen ein Mittelding zwischen derjenigen des Frosches und der Kröte, doch passt eigentlich der Vergleich
nicht so recht, wie aus der Abbildung zu ersehen ist.

Viele Eier gehen jährlich zu Grunde, einmal durch plötz-
liche Anschwellung der Bäche nach Regentagen und dann
namentlich durch dieselben Feinde, wie sie auch die Eier
und Larven unserer Tritonen in reichlichem Maasse besitzen,
ich meine die Larven der Libellen, der Ditisci, der Nepa und
Notonecta. Ramorino fügt hinzu: später ändert sich die

Scene, und die Ueberlebenden der Gefressenen werden zu
den Fressenden.

Dass die Befruchtung innerlich erfolgt, betrachte ich
als eine feststehende Thatsache, zu deren Eruirung ich denselben Versuch, wie Ramorino anstellte d. h. ich setzte
zwei Weibchen in einen Behälter mit Wasser, von dem ich
sicher sein konnte, dass keine Zoospermien darin enthalten
waren. Kurz darauf sah ich die Thiere eine ziemliche Anzahl von befruchteten Eiern absetzen, die sich im Lauf
der nächsten drei Wochen ganz gut entwickelten. Es ist dies
übrigens ganz von vorne herein anzunehmen, wenn man be-.
denkt, dass es zu den allergrössten Seltenheiten gehört, wenn
man unter der Masse von Thieren, die einem im Frühjahr
in die Hände fallen, ein Männchen erbeutet.

Ueber die Art der Begattung bin ich mir nicht klar geworden, hoffe aber später etwas darüber sagen zu können; nur
so viel glaube ich als sicher annehmen zu dürfen, dass sie
auf dem Lande und nicht im Wasser vor sich geht worin ich
auch mit Ramorino in Uebereinstimmung stehe. Letzterer
sagt über die Art der Eierablage folgendes :

« Die Weibchen verbleiben mehrere Stunden auf dem
Grund des Wassers, und begleiten den Austritt jedes Eies mit
heftigen Torsions-Bewegungen des Leibes, wobei sie sich an
den Steinen festhalten und den Schwanz lebhaft hin und her-
schwingen. Die Eier treten einzeln, selten zwei zugleich, hervor, und zwar in ziemlich langen Zwischenräumen; wo sie
per Zufall hinfallen oder hingetrieben werden, bleiben sie
mittelst der sie umgebenden klebrigen Substanz haften ohne
dass sich das Weibchen weiter um sie bekümmert ».

Das einzelne Ei ist von Hirsekorn-Grösse, an der einen
Hemisphäre von brauner, an der andern von weisslich gelber
Farbe. Ueber die Entwicklung der Larve, welche übrigens im
Grossen und Ganzen aufs Haar derjenigen der Tritonen zu
gleichen scheint, werde ich später zu berichten Gelegenheit
haben.

So viel über die Geschichte und die biologischen Verhältnisse des einen, von mir näher untersuchten italienischen
Salamanders.

Was den andern anbelangt, so bin ich namentlich über
die physiologischen Verhältnisse viel mehr im Unklaren geblieben, da ich das Thier nur durch Alkohol-Praeparate kenne,
welche ich der Freundlichkeit des Herrn M. Doria ver-
danke. Die Litteratur anbelangend, so ist diese viel en-
ger bei einander, als dies oben der Fall war; der Geotriton fuscus wurde überhaupt, so viel ich sehe, noch von
Niemand vom anatomisch-histologischen Gesichtspunct aus untersucht, weshalb mir die angenehme Aufgabe
zu Theil wird, verschiedenes Neue beibringen zu können.
Darunter behauptet, was ich gleich zu Anfang hervorheben
will, die Thatsache nicht den niedrigsten Rang,
dass dieser interessante Molch im Gegensatz zu
der hoch entwickelten Salamandrina eine Entwicklungsstufe einnimmt, welche wohl die nie-
drigste unter all den bis jetzt bekannten euro-
päischen Salamandrinen überhaupt sein dürfte.
Würde uns die Wirbelsäule und der Schädel
ohne den Zungenbein-Kiemenbogen-Apparat, sowie die Carpal-und Tarsal-Stücke allein vorliegen, so müssten wir darnach unbedingt auf
einen Perennibranchiaten schliessen. Dazu kommt
ein Zungenbein-Kiemenbogen-Apparat von ganz besonderer
Art und mit einer Musculatur ausgerüstet, wie sie sonst
nirgends in der bis jetzt bekannten Amphibien-Welt zur Beobachtung kommt.

Doch darauf komme ich später noch ausführlich zu sprechen!

GEOTRITON FUSCUS.

Geschichtliches.

Der erste, welcher nach den Mittheilungen fast aller Autoren, dieses Thier erwähnt, ist Aldrovandi (De Quadrup. digit. vivip. et ovip. 1637).

An der betreffenden Stelle, welche an die Beschreibung des Erdsalamanders anknüpft, steht zu lesen: « De terrestri S. Gessnerus narrat, se aliquando unam in alpibus invenisse, quae tota erat fusca, absque splendore, cauda brevi; deinde lacteus succus ab ipsa percussa dimanabat, veluti in vulgari salamandra accidere solet ». Auch Laurenti, , Duméril und Bibron sowie auch de Betta und Gené halten diese Sal. fusca von Gessner-Aldrovandi für identisch mit Geotriton.

Diesem durch Jahrhunderte hingeschleppten und immer wieder — augenscheinlich ohne alles weitere Nachdenken — copirten Missverständniss, trat Leydig (l. c.) mit vollem Recht aufs entschiedenste entgegen. Er erklärt den Gessner'schen Salamander entweder für eine « in Alkohol aufbewahrte, braun und glanzlos gewordene Sal. atra oder was wahrscheinlicher ist, für ein Weibchen des Tr. taeniatus, welches bekanntlich, nachdem es das Wasser verlassen, in der Tracht den Salamandern ähnelt, dabei von brauner Farbe und in auffälliger Weise glanzlos wird ».

Allen den obengenannten Beschreibern sieht man es an, dass sie unmöglich ihre Schilderungen nach der Natur gemacht haben, sonst hätten sie nicht in diesen Jrrthum verfallen können, den Geotriton in den schweizerischen Alpen existiren zu lassen. Nicht besser verhält sich hierin Bonnaterre, (Tabl. encyclop) der seinerseits wieder von Laurenti abschreibt.

Savi fand den wirklichen Geotriton in den Appenninen Toscanas, aber erst von Bonaparte (Fauna italica) erfährt man etwas näheres über das Thier. Er betrachtet

es als eine Unterordnung der Tritonen, und gibt ihm den
Namen Geotriton fuscus, wobei er die Vermuthung
ausspricht, dass viele der americanischen Salamandrinen
wohl zu demselben Genus zu stellen seien. Bei dieser
Classificirung legt er das Hauptgewicht auf die, für ein land-
bewohnendes Thier so auffallenden Schwimmhäute zwischen
den Zehen. Bezüglich des Fundortes gibt er folgendes an:
« Trovavala nelle alpi Apuane presso Seravezza, lungo
le sponde del Frigido presso Massa, e nelle grotte
cave di Carrara. Noi l'abbiam ricevuta dai monti
Ascolani, da quei della Sambuca vicino a' bagni della
Porretta, e da altri luoghi dell'Apennino, come altresi
dalla Sardegna per cortesia del dotto professor Genè ». Was
seine Beschreibung des Thieres anbelangt, so beschränkt sie
sich auf Farben-und Maassangabe; von der Anatomie sagt
er so wenig, als von den Lebens-und Fortpflanzungsverhält-
nissen. Die beigefügte Abbildung gibt die äusseren Formen
richtig wieder; die Treue der Farben kann ich nicht beur-
theilen. Tschudi (l. c.) erwähnt den Geotriton ebenfalls
und fügt hinzu: « Die Zunge ist sehr gross; die Gaumenzähne fehlen (?); die Haut ist glatt. Vom Scheitel über's
Hinterhaupt nach dem Nacken zu convergiren
zwei starke Hautwülste, die jedoch nicht drü-
siger Natur sind. Genè in Turin nannte das Thier Triton Rusconi ».

In der Fauna Japonica wird unser Geotriton unter
dem Namen: Salamandra Genei von Schlegel aufgeführt; die beifolgende kurze Beschreibung lehnt sich in
allen Puncten an Bonaparte an.

Genè (Synopsis reptilium Sardiniae indigenorum in Me-
moria della Real. Accad. delle Scienze di Torino 1839) führt
das Thier unter dem Namen: Geotriton f. Bonap. auf
und characterisirt es folgendermassen: « Fuscus lituris sub-
rubentibus evanidis, subtus cinereus vel dilute ferrugineus,
punctis albis minutissimis: cauda corpore parum breviore;
digitis depressiusculis, subpalmatis.

Habitat frequens hyeme sub lapidibus in montibus circa I-
glesias: in aquis numquam vidi. Specimen, quod in ingluvie
Natricis Cetti reperi m. junio speciminibus m. decembre
lectis omni ex parte respondebat.

Die beigefügte Abbildung entspricht so ziemlich der in
dem Werke von Bonaparte, sowie derjenigen von Tschudi
auf Tafel V.

Auf eine Bemerkung Mivarts (Proceed. of the Zoolog.
Soc. London 1867) über den Geotriton komme ich später
zu sprechen.

Bei weitem die beste und ausführlichste Beschreibung jedoch lesen wir in Schreibers Herpetologia europaea;
namentlich ist hier der merkwürdigen Zunge mehr Berücksichtigung geschenkt und auch eine halbschematische Abbildung derselben beigegeben. Sch. macht die Bemerkung:
« Die Angabe Hallowells, (Journ. Acad. Philad. 2. ser. III.
pag. 349) dass das Thier auch in Spanien vorkommt, bedarf
noch der weiteren Bestätigung ». Ferner scheint er geneigt,
die Salamandra Savi Gosse für identisch zu halten mit
der Salamandra perspicillata und nicht mit Geotriton.

––––––––––

Aus Allem geht somit hervor, dass der Geotriton noch
von keiner Seite eine anatomische Beschreibung erfahren hat und wenn eine Thierform überhaupt
einer solchen werth erscheint, so gilt dieses, wie aus dem
Folgenden zur Genüge hervorgehen wird, im allerausge-
dehntesten Maasse in diesem Fall. Hoffentlich wird es mir
in den Tagen des Frühjahrs gelingen, mir aus den Höhlen
von Spezia, wo das Thier nach den Mittheilungen M.
Doria's nicht schwer zu bekommen ist, Eier und Larven
zu verschaffen, die bis jetzt noch von Niemand untersucht
oder gar gesehen worden sind, und deren Studium zu den
schönsten Hoffnungen berechtigt.

Beschreibung des Thieres in Allgemeinen.

Die grössten Exemplare messen 10 $^1/_2$ Centim. wovon auf
den Rumpf und Kopf 5 $^1/_2$ und auf den Schwanz 5 Centim.
fallen; letzterer ist also zum Unterschied von den meisten
übrigen Molchen auffallend kurz und erinnert dadurch an
den Bradybates ventricosus Tsch. Er ist drehrund,
nur an seiner unteren Fläche zieht eine niedrige heller pig-
mentirte Kante von der Cloake bis zur Spitze. Der zwischen
Schulter-und Beckengürtel liegende Abschnitt des lang ge-
streckten Rumpfes ist in seiner ganzen Länge gleichmässig
cylindrisch und nur nach vorne zu mässig verdickt. Die von
Schreiber (l. c.) erwähnte Reihe von hinter einander stehenden, verticalen Hautfalten an den Seiten des Rumpfes
und Schwanzes sehe ich nur bei sehr abgemagerten Exemplaren deutlich ausgeprägt.

Der Kopf ist breit, wie platt geschlagen und durch eine
deutliche halsartige Einschnürung resp. Kehlfalte vom übrigen Körper abgesetzt; eine Queraxe, mitten durch die Bulbi
gezogen, repräsentirt die grösste Breiten-Ausdehnung des
Thieres überhaupt mit 11. Millim. Die Schnauze ist quer abgestutzt, und ragt, wie geschwollen, weit über die Unterlippe vor. Fig. 8. Die Anschwellung sehe ich namentlich stark
nach unten und aussen von den beiden Nasenlöchern in
Form von zwei, durch einen seichten Einschnitt getrennten
Wülsten, welche in zwei dem entsprechend geformte Vertiefungen der Unterlippe hineinpassen. Dadurch erscheint,
von vorne her betrachtet, die Mundspalte nicht horizontal,
sondern unter welligen Schwingungen verlaufend.

Die Augen springen stark empor und besitzen gut entwickelte Augenlider, sowie eine nach unten winklig aus-
springende Pupille.

Die Haut ist glatt und man bemerkt auch mit der Lupe
keine Spur der die Sal. persp., den Trit. alpestris und cristatus kennzeichnenden Papillen, sondern kann nur etwa den

Tr. taeniatus und helveticus zum Vergleich herbeiziehen. Gleichwohl existiren auch hier die dicht gedrängt liegenden Hautdrüsen, welche aber nicht wie dort auf einer Papillen-Spitze, sondern in kleinen Grübchen ausmünden. Parotiden und Seitendrüsen springen nicht empor und die, schon von Tschudi (l. c.) erwähnten Hautwülste dürfen, wie dieser scharf-sehende Autor ganz richtig bemerkt, nicht für solche genommen werden, sondern sind nur der Ausdruck der hier eingebetteten knorpeligen Kiemenbogen-Fäden, auf die ich noch ausführlich bei Besprechung des Zungenbein-Apparates zurückkomme. Für jetzt sei nur so viel bemerkt, dass sich der Wulst, am Winkel des Unterkiefers angefangen, an der Seite des Halses nach oben in die Nackengegend zieht, wo er 1 $^1/_2$ Mm. von der Wirbelsäule entfernt, in dem Winkel, den der abgehende Oberarm mit der Suprascapula erzeugt, zu liegen kommt. Die Hälften beider Seiten convergiren etwas im Lauf nach rückwärts und die dadurch aufgeworfene Hautfalte misst an Länge 1 $^1/_2$ Centim. Alles dies lässt sich an abgemagerten Thieren aufs Beste studiren und bei diesen erschien es mir auch als finden sich von der Hintergränze der Bulbi angefangen zwei nach rückwärts und einwärts convergirende niedrige parotiden-ähnliche Gebilde, welche in der Nackengegend eine nur sehr allmälige Abflachung erleiden. Da ich hierüber keine histologischen Untersuchungen angestellt habe, so kann ich nichts Bestimmteres angeben. Aehnliche Hautleisten sehe ich auch von der Vordergrenze der Bulbi, oberhalb der Frontalia, Nasalia und Intermaxillaria nach vorne zur Schnauze ziehen. Fig. 8.

Die Cloake liegt weiter vom Beckengürtel nach rückwärts, als bei allen übrigen mir bekannten Urodelen und ist zum Unterschied von diesen von keinen wulstigen Lippen, sondern scharfen, kantigen Rändern begrenzt.

Die Extremitäten sind schlank, was namentlich in Rücksicht auf die breiten Hand-und Fussteller in die Augen springt. Letztere würden, wenn man die zwischen den Zehen ausgespannte Schwimmhaut abrechnet, am ehesten an Grabfüsse erinnern, leisten aber jedenfalls auch beim Schwimmen als breite Ruderflächen vorzügliche Dienste; die Schwimmhäute der Hände sind weniger stark entwickelt und verbinden, wie Schreiber ebenfalls ganz richtig bemerkt, die Finger nur am Grunde. Sowohl Palmar-als Plantar-Ballen fehlen vollständig.

Die hinteren Extremitäten übertreffen die vorderen nicht nur an Länge, sondern auch an Stärke im Allgemeinen. Jene messen vom Abgang am Körper an bis zur äussersten Fingerspitze 16 Mm. diese dagegen 19-20 Mm. Finger und Zehen sind dick, abgerundet und zeigen an ihrer Spitze eine kolbige Auftreibung.

Was die Farbe betrifft, so lasse ich hier Bonapartes und Schreibers eigene Worte folgen, da diese allem nach Gelegenheit hatten, frische Thiere zu untersuchen:

I.) « Un colore giallastro o scuro mischio quasi tufacco regna sul capo, sul dorso e sulla coda, macchiettato tutto di rosso bruno; il disotto offre un tal qual cenerino punteggiato, minutissimamente di bianco e gli arti sono alquanto più pallidi del tronco ».

II.) « Die Oberseite ist im Allgemeinen braun oder gelb und schwärzlich gemischt, mit sehr undeutlichen, oft auch ganz verschwindenden röthlichen Linien und eben solchen Flecken gezeichnet. Die grauliche oder schwach rostbraune Unterseite ist sehr fein weiss gesprenkelt; die Beine sind gewöhnlich heller ».

Diesem kann ich nur hinzufügen, dass die Alkohol-Exemplare auf der ganzen Oberseite einen bräunlichen Sepiaton besitzen; die Unterseite ist schmutzig gelb gefleckt und besitzt eine weisslich graue Grundfarbe.

Auch die jungen Thiere sind ganz ähnlich gefärbt, jedoch gleichmässiger, mit nur spärlichen Flecken.

Von sexuellen Differenzen im äusseren Habitus habe ich weder bei der Salamandrina noch bei Geotriton etwas wahrgenommen, doch will ich nicht unerwähnt lassen, dass mir das einzige Männchen, weches mir von jener zu Gebot stand, im Allgemeinen etwas kleiner vorkam, als die Weibchen.

Ueber die Stellung des Geotriton
und Rückblick auf die Salamandrina.

Am ehesten könnte man geneigt sein, den Geotriton mit dem americanischen Genus Plethodon zusammen zu stellen, wofür sich auch Mivart (l. c.) erklärt. Dagegen spricht aber vor allem die bei Plethodon mit dem Boden der Mundhöhle fast vollkommen verwachsene Zunge; ferner die beinahe die ganze Unterfläche des Parasphenoids einnehmenden Zähne, was wir, wie später gezeigt werden soll, bei Geotriton nur im Jugendzustand beobachten. Wenn die Abbildungen Mivarts richtig sind, so besitzt Plethodon auch keine Schwimmhaut. Viel eher könnte man die italienische Art noch mit Oedipus Tsch. (Salamandra platydactyla. Cuvier) aus Mexico zusammenstellen; jedoch schliesse ich dies nur aus der Beschreibung Tschudis, ohne von dem anatomischen Verhalten etwas näheres zu wissen, was ich ausdrücklich betone. Dasselbe gilt auch für Pseudotriton Tsch. (Trit. rubra Daud) der bekanntlich auch . Sphenoidal-Zähne besitzt. Die Schädelform der von Schlegel (l. c.) beschriebenen Salamandra unguiculata hat ebenfalls Manches mit Geotriton gemein, besitzt jedoch keine Sphenoidal-Zähne. Einen interessanten Uebergang in der Stellung der Palatina aus der Längsaxe des Schädels (deutsche Tritonen, Salamandrinen) in die quere [Geotriton (Spelerpes) Plethodon etc.] zeigt uns der Schädel von Schlegel's Salamandra naevia. Sch. sagt darüber: « ces lignes (Zahnreihen) partent du milieu de la base du cráne et vont en divergeant vers les narines internes, se courbant derrière ces orifices en dehors ».

Ich werde im Verlauf dieser Arbeit noch öfter Gelegenheit haben, auf diese und jene verwandte Bildung im Schädel der

übrigen Urodelen hinzuweisen, und möchte mich für jetzt
nur dahin aussprechen, dass der Name Triton für das in
Frage stehende Thier nicht passt, da es sich in der ganzen
Anlage des Skelets viel eher an Salamandra maculata,
oder auch, was ich schon früher hervorgehoben habe, an
die Perennibranchiaten anschliesst. Es dürfte daher
der auf sein Vorkommen (in Höhlen und Grotten) bezügliche
Name: Spelerpes ein für allemal aufgenommen werden,
womit auch Schreiber bereits den guten Anfang gemacht hat!

Es scheint dieses Thier in *Europa* keine näheren
Verwandten zu besitzen, es müssten sich denn
noch bei Euproctus Rusconi und den spanischen
Urodelen vielleicht Anhaltspuncte ergeben; um
so interessanter ist es daher, dass wir erst wieder in Nord-und Mittelamerika auf ähnliche
Formen stossen, welche dann ihrerseits wieder
— und dies hat ja auch aus geographischen
Gründen nichts Wunderbares — mit den osta-
siatischen verwandt sind oder auch übereinstimmen, wie dies nach Mivart (l. c.) zwischen dem
Plethodon glutinosus (America) und dem Plethodon (Pectoglossa) persimilis, (Berge von Laos
im Nordosten von Siam) welche früher für ein
und dasselbe Thier genommen wurden, der Fall
ist.

Eine ähnliche Uebereinstimmung zeigt sich auch — und damit komme ich noch einmal auf die Salamandrina zurück — auf den ersten Anblick zwischen dem Schädel der ja-
panesischen Salam. subcristata und des californischen
Triton torosus Fig. 100. Ich benütze diese Gelegenheit,
um hier eines Aufsatzes von Rathke über californische
Urodelen zu gedenken, der in dem zoologischen Atlas
von Eschscholtz (Heft V) niedergelegt ist. R. nennt
zuerst die Salamandra attenuata und kennzeichnet sie
folgendermassen: « Körper lang und schmal (wie ein Re-

genwurm). Beine sehr klein und weit voneinander entfernt
mit fast undeutlichen Zehen, rundlich platt und ohne War-
zen, rothbraun, oben gelblich-grau gefleckt. Länge 3 ½-4.
Zoll ». R. zieht dieses Thier wegen des rundlichen kegelför-
migen Schwanzes und des inneren Baues zu dem von Fitzinger aufgestellten Genus: Salamandrina, während es
von Eschscholtz zu den Tritonen gestellt wurde.
Vorder-und Hinterextremitäten besitzen 4. Finger und R. fügt
hinzu: « ich kann mit Bestimmtheit angeben, dass das von
mir untersuchte Amphibium in seinem inneren Baue nicht
blos von den Molchen, sondern auch von den Salamandern
in mancher Hinsicht verschieden ist, ja selbst verschiedener,
als jene beiden Gattungen untereinander. Ohrdrüsen von der
Art, wie sie bei den Salamandern vorkommen, fehlen ». Das
Thier besitzt über 60. Wirbel, davon im Schwanz allein
über 40. Sal. persp. stand Rathke nicht zu Gebot, sonst
hätte er diesen Salamander nicht mit ihm zusammenstellen
können, denn der Schädel, sowie das Skelet überhaupt ist
sehr abweichend nnd steht auf einer viel niedrigeren Entwicklungsstufe, besitzt z. B. Gaumenzähne, keinen Fronto-
temporal-Bogen etc. Ich komme auf die einzelnen Theile
weiter unten noch ausführlich zu sprechen.

Sehr merkwürdig ist der zweite, von R. beschriebene Batrachier: Triton ensatus, welcher in manchen Puncten
an Geotriton erinnert. Das Thier ist 11 ½ Zoll lang, der
Schwanz allein 5 ½. Zoll! Vorne 4. hinten 5. Zehen.

« Der Schwanz ist säbelförmig und zwar recht sehr aufwärts gekrümmt. Diese Krümmung zeigt auch selbst noch
das auspräparirte Skelet, weil die obere Seite der
Schwanzwirbel, insbesondere der 6. vorderen,
merklich kürzer ist als die untere. Weder an
diesem Präparate, noch auch an dem ganzen
Thier liess sich der Schwanz gerade strecken
und es ist deshalb mehr als wahrscheinlich,
dass an dem lebenden Thier der Schwanz be-
ständig aufwärts gekrümmt bleibt ». Man muss

unwillkürlich fragen: ist dies dem Thier von Nutzen, um
vielleicht Schrecken einzujagen, oder worin liegt der Zweck?
Die zwischen den beiden Augenhöhlen liegende Schädelkapsel ist hier zu einem schmäleren Rohre geworden, als
wir dies irgendwo anders in der Amphibien-Welt im Verhältniss zur sonstigen Schädel-Breite wiederfinden ; dazu
kommt als weitere Eigenthümlichkeit, dass die Ossa qua-
drata nicht nach vorne oder aussen, sondern weit nach rückwärts gerichtet sind.

Im Magen fand Rathke eine halbverdaute Spitzmaus,
deren Haare den Mastdarm förmlich anfüllten!

Ueber eine dritte californische Salamanderform, nemlich
den oben angeführten Triton torosus, werde ich in den
folgenden Blättern zu berichten Gelegenheit haben.

Der Schädel der Salamandrina im Allgemeinen.

Unterwirft man die Architectur des Craniums einer nur
oberflächlichen Betrachtung, so könnte man versucht sein,
zu glauben, der allen Urodelen gemeinsame Grundplan sei
auch hier durchweg festgehalten; geht man aber näher auf
die einzelnen Theile ein, so stösst man auf Abweichungen,
die von dem grössten Belang und wohl geeignet sind, Schlag-
lichter auf die phylogenetische Stellung des Thiers zu werfen. Doch ich will nicht vorgreifen und beschränke mich fürs
erste darauf, folgende charakteristische Hauptpunkte hervorzuheben.

Vor allem imponirt die derbe starkknochige Beschaffenheit der Schädeldecken, was im grellen Gegensatz steht
zu unseren beiden Landsalamandern, deren Schädel einen
zarteren und mehr transparenten Habitus zeigt; aber auch
der Triton cristatus, welcher unter allen unsern Wassersalamandern das stärkste Schädelgerüste besitzt, bleibt
dahinter zurück. Dieser Umstand ist um so mehr in die Augen springend, als der Schädel viel kleiner ist, als der irgend eines andern mir bekannten Molchs. Ich lasse hier eine

Zusamenstellung der Zahlenverhältnisse der verschiedenen von mir untersuchten Urodelen folgen:

Schädel von	Grösste Länge		Grösste Breite	
Salam. mac.		17-18 Mm	16	Mm.
Triton crist.	circa 12	»	circa 9	»
Geotriton fusc.	12	»	10	»
Triton alpest.	10-11	»	7-8	»
Triton taen.	9	»	7	»
Triton helvet.	9	»	7-8	»
Salam. persp.	7	»	5-6	»

Dazu kommt noch, dass er nicht die langgestreckte Form besitzt, wie z. B. Triton cristatus und taeniatus, oder auch Salam. mac. und atra, wenn man das zwischen den beiden Augenhöhlen einer-und der Occipital-sowie Nasalregion andrerseits liegende cylindrische Stück allein ins Auge fasst. Im Gegensatz dazu scheinen bei Salamandrina die einzelnen Schädelabschnitte mehr aufeinander geschoben, die Frontalia und Parietalia entwickeln sich mehr in die Breite, wozu bei den ersteren noch breite Fortsätze kommen, welche die hintere Abtheilung der Orbitalhöhle überspringend mit dem Tympanicum sich verbinden. Dadurch erscheinen diese Schädelknochen im Verhältniss viel kürzer, als bei den übrigen Salamandern und Tritonen und verleihen der mittleren Schädelregion, wenn ich so sagen darf, einen vierschrötigen Charakter. Fig. 39. F. P. und zum Vergleich: Fig. 82. 85. 88. 89. Ein Umstand, der auch zur Verbreiterung des Schädels beiträgt, darf nicht unerwähnt bleiben, nemlich die im Gegensatz zu den einheimischen Arten fast reine Querstellung der Quadratbeine.

Auch die Configuration des Oberkiefers trägt dazu bei, die Entwicklung des Schädels in die Breite noch zu verstärken. Er schickt zwei mächtige Spangen nach rückwärts, welche die ganze Orbita von aussen her umgreifen und beinahe

mit dem Quadratum zusammenstossen. Ihr hinteres Ende läuft
nicht einfach spitz zu, sondern ist schräg zugestutzt; man
vergleiche damit die Abbildungen der verschiedenen Trito-
nen-und Salamander-Arten und man wird bemerken, dass bei
keiner derselben auch nur annähernd diese starke Entwicke-
lung einer Jochbrücke zu Stande kommt; bei allen laufen
die beiden Oberkieferhälften in zwei k u r z e spiessartige
Fortsätze aus, welche bei T r i t o n c r i s t a t u s und a l p e -
s t r i s nicht einmal die Mitte der Augenhöhle erreichen. Ich
kenne nur noch e i n e n Molch, dessen Schädel sich durch
eine sehr bedeutende Breitenentwicklung auszeichnet, welche
sogar, wenn die Abbildung, nach der allein ich mein Urtheil
abgeben kann, richtig ist, diejenige von Salamandrina zu übertreffen scheint; es ist dies der oben schon erwähnte T r i t o n
t o r o s u s. Fig. 100.

Am treffendsten lässt sich die Form des Schädels bei der
Ansicht von oben mit dem Längsdurchschnitte einer Tonne
vergleichen und dem entsprechend liegt der Horizontal-Durch-
messer, welcher die grösste Breite des Schädels repräsentirt, in der grössten Excursion der Oberkieferspangen, eine
Eigenthümlichkeit, die Salamandrina nur mit Geotriton gemein hat. Bei letzterem ist dies Verhältniss noch prägnanter.
Fig. 88. Bei allen übrigen Salamandrinen liegt der grösste
Breitendurchmesser in einer durch die Quadratbeine gelegten
Horizontalen (Fig. 82. 83. 86. 89. 100.) und die ganze Gruppirung der Schädeltheile macht hier den Eindruck, als wären diejenigen von ihnen, welche den, zwischen den Augenhöhlen liegenden Knochencylinder und die Pars naso-oralis
constituiren, erst secundär, gleichsam nur als Anhangsgebilde
der Pars tympano-pterygo-occipitalis angefügt. Sie ruhen auf
letzterer nach rückwärts auf, wie eine Säule auf einem breiten Postament. Dies Verhältniss tritt namentlich deutlich bei
T r i t o n c r i s t a t u s und a l p e s t r i s hervor; bei beiden ist,
wenn ich so sagen darf, der Schwerpunkt der Entwicklung nach
rückwärts verlegt, während T r i t o n h e l v e t i c u s und t o -
r o s u s schon den Uebergang zu S a l a m a n d r i n a bilden,

bei welch letzterer die mächtiger entwickelte Pars naso-oralis
und maxillaris dem Hinterhauptssegmente das Gleichgewicht
hält. Im direktesten Gegensatz stehen mit Bezug auf diese
Verhältnisse Triton cristatus und Geotriton fuscus, indem sie
sich umgekehrt verhalten, was eine Vergleichung der Fig. 82.
und 88. klar darthut.

Abgesehen von der kräftigen Entwicklung der Occipitalia
lateralia, sind noch zu erwähnen die mächtig angelegten
Bogengänge des Gehörorgans Fig. 39. Ich kenne keine einzige Art der Urodelen, welche hierin einen Vergleich mit
dem Brillensalamander aushalten würde; am meisten nähert
sich ihm noch Geotriton, wo diese Theile stärker ausgeprägt
sind, als bei allen unsern einheimischen Urodelen. Ebenso ist
der Intermaxillar-Raum weiter, als bei den verwandten Arten und bildet namentlich zu Triton cristatus Fig. 82 einen
scharfen Contrast, während sich Triton helveticus durch die
grösste Zwischenkiefer-Spalte unter den einheimischen Arten
auszeichnet. Ich will noch hinzufügen, dass der schwarze
Bergsalamander hierin weit hinter Salamandra mac. zurück-
steht, bei welch letzterer die beiden Zwischenkiefer-
hälften viel weiter auseinander gerückt sind, als bei jenem,
wo statt einer Spalte eine mehr rundliche Oeffnung zu bemerken ist. Fig. 89.

Die Schnauze zeigt sich bei Salamandrina zwischen dem
Ansatzpunct des Oberkiefers an dem Os intermaxillare quer
abgestutzt und erinnert somit an Triton helveticus Fig. 86.
und Salam. macul., während Triton taeniatus Fig. 85. eine
spitze Schnauze besitzt, ebenso der Kamm-Triton, wenn auch
in etwas geringerem Grade.

Vom seitlichen Rand der Ossa nasalia fällt die Aussenfläche
des Oberkieferkörpers unter scharfer Knickung fast senkrecht ab, während der Uebergang dieser beiden Knochen
bei den meisten übrigen Salamandrinen unter stark convexer
Krümmung erfolgt. Es macht sich dies eckige und kantige
Verhältniss schon bemerklich, ehe die Haut abgenommen ist.
Vergl. hierüber Fig. 5. und im Gegensatz hiezu Fig. 6. und 7.

4

Die Parietalia bauchen sich stark empor und dadurch
entsteht nach rückwärts in der Richtung der Naht zwischen
ihnen und der Pars petrosa eine tiefe Furche, welche in
etwas schwächerer Ausprägung auch dem Triton taeniatus
und anderen zukommt.

Endlich gedenke ich noch des, die Orbital-Höhle überra-
genden, breiten Saumes, der vom Frontale und Fronto-lacrimale gebildet, füglich als Verlängerung der oben erwähnten postfrontalen Apophyse a. Fig. 39. und 40. aufgefasst
werden kann. Sie zeigt sich in ihren ersten Spuren beim
Triton alpestris und findet beim Triton helveticus
schon eine viel kräftigere Entwicklung Fig. 84 aa und 86
aa L. Ebenso ist sie bei dem Triton torosus deutlich
ausgeprägt. Fig. 100. aa. Nirgends aber unter allen mir
bekannten Urodelen zeigt sie eine solch mächtige Entfaltung,
wie bei der Salamandrina und nirgends finde ich auf ihrer
Oberfläche diese Menge von tiefen, den Knochen beinahe
ganz durchbohrenden Gruben zur Aufnahme von grossen
Hautdrüsen. Dieselben setzen sich in geringerer Grösse und
Tiefe über die ganze freie Stirn-und Scheitelbeinfläche fort,
wodurch der Schädel dasselbe rauhe poröse Ansehen bekommt, wie dies längst schon von der vorderen Schädelhälfte
des Triton cristatus bekannt ist. Aehnliches, wenn auch in
viel schwächerem Grade, bemerke ich bei Tr. taeniatus, alpestris und helveticus, während der Landsalamander sowohl
als der Geotriton vollkommen davon frei sind, wie dieselben
auch des Orbital-Fortsatzes vollkommen entbehren.

Die kräftig entwickelten Ossa tympanica, sowie die nach
rückwärts stark divergirenden Vomero-palatina werde ich
bei der Beschreibung der einzelnen Knochen zur Sprache bringen. Die Vomero-palatina erstrecken sich bis in die Horizontal-
Höhe der Quadratbeine nach rückwärts.

Der Kopf articulirt wie bei den übrigen Urodelen auf dem
ersten Cervical-Wirbel mittelst zweier Condyli occipitales, die
jedoch bei Salam. macul. viel weiter nach hinten vorspringen.
Das Primordialcranium ist bis auf minimale

Spuren verschwunden, was ich im Gegensatz zu
allen andern Amphibien ausdrücklich hervor-
hebe. Wir werden hyalin-knorpeligen Elementen nur noch
in der Nasenhöhle, am Os pterygoideum und am Unterkiefer begegnen. Von unten betrachtet, springt vor
allem der ·tiefe Trichter in die Augen, den die steil abfallenden Alveolar-Fortsätze des Ober-und Zwischenkiefers
im Verein mit den plattenartigen Ausbreitungen des Vomero-
palatins erzeugen. Die Spitze des Trichters wird durch die
weite Oeffnung für die Ausmündungskanäle der Intermaxillar-Drüse gebildet. An der Vordergränze des Bodens der Augenhöhlen münden die Choanen.

Diese letzt angeführten Puncte sind für Salamandrina nichts
charakteristisches, sondern sind allen Salamandrinen ge-
meinsam. Ebenso wird wie bei diesen auch hier die Basis
cranii durch das Parasphenoid gebildet, welches sich
durch einen zungenartigen Fortsatz an der Bildung des Foramen occipitale betheiligt.

Von der Seite betrachtet hat der Schädel eine depresse
Form. Fig. 41.

Soviel über die Configuration des Schädels im Allgemeinen.
Die Detailverhältnisse lassen sich nur am gesprengten Cra-
nium studiren und ich lasse ihre Beschreibung hiemit folgen.

Ossa occipitalia lateralia.

Wie bei allen Urodelen, so sind sie auch hier mit den
Felsenbeinen verwachsen. Wenn man von einem Os occipitale superius überhaupt reden kann, so müssen die von beiden Seiten emporsteigenden, die obere Circumferenz des Foramen magnum constituirenden dünnen Spangen (Fig. 44
und 39. Os.) dafür genommen werden. Dieselben stossen
unter Bildung einer Naht hinter den Parietalia zusammen.

Ein Occipitale basilare fehlt, und an seiner Stelle liegt der
obengenannte zungenförmige Fortsatz des Parasphenoids,
dessen obere Fläche zur Gelenkverbindung mit dem medialen

Höcker des ersten Wirbels, mit Knorpel überzogen ist. Damit
habe ich zugleich die Begrenzung des Foramen magnum von
Seite des Occipitale superius, der Occipitalia lateralia und
des Parasphenoids entwickelt.

Im unteren äusseren Winkel desselben liegen die kräftig
entwickelten kurzen Processus condyloidei zur Verbindung
mit den Processus articulares laterales des ersten Wirbels.
Fig. 43. und 44. C. C. Ihre Knorpelfläche schaut von aussen
und hinten nach vorne und einwärts, wobei jeder noch in
sagittaler Richtung gefurcht erscheint Fig. 40. C.

Die Unterfläche desjenigen Theils, welchen man als Pars
petrosa bezeichnen kann, zeigt die grosse Fenestra ovalis;
diese liegt, von einem tellerförmigen Knorpel verschlossen,
auf der nach hinten schauenden Spitze eines lang ausgezogenen hohlen Kegels Fig. 40. und 43. Fo. Bei S a l a m. m a-
c u l. findet sich eine Knorpelspange, welche das Operculum
mit dem Quadrato-jugale in Verbindung setzt; ich sehe bei
Salamandrina nichts derartiges. Die Höhle zur Bergung des
Ohrlabyrinths ist relativ grösser als bei allen unseren einheimischen Urodelen. Ihre Communication mit dem Cavum
cranii liegt auf Figur 48. zwischen O und P. An derselben
Stelle nach vorne zu liegt die Oeffnung für den T r i g e m i n u s
und F a c i a l i s. Dieser Theil begrenzt mit seiner Aussenfläche den hintersten Abschnitt der Innen-und Hinterwand der
Orbita und wird meiner Ansicht nach mit Recht als g r o s s e r
K e i l b e i n f l ü g e l beschrieben. Hinten am Processus condyloi-
deus liegt die weite Oeffnung für den Vagus. Erwähnenswerth
sind zwei dornartige Fortsätze im Bereich der schon oben
gewürdigten starken Bogengänge. Der eine davon ist constant
in sehr kräftiger Ausbildung vorhanden und liegt an der
Stelle des äusseren Bogenganges, wo derselbe unter scharfer
Krümmung aus der Richtung nach aussen in die nach vorne
übergeht. Fig. 39. 40. 41. 43. 44. Pm. Der andere, viel
schwächere, ist, wie mir scheint, vielen individuellen Schwankungen unterworfen, und liegt an der Stelle 3. Fig. 44. Ich kann
hievon bei Salamandrinen und Tritonen nichts entdecken.

An der Innenseite der Basis cranii schiebt sich das Petrosum unter Bildung einer tief eingekerbten zackigen Linie
von beiden Seiten weit über das Parasphenoid herüber.
Fig. 44 **; mitunter geschieht dies auch unter Bildung von
abgerundeten zungenartigen Gebilden. Fig. 48. **.

Nach oben medianwärts und vorne stösst das Occipitale an
die Parietalia, welche in dem nach hinten geschlossenen
Winkel zwischen den Hälften beider Seiten wie eingekeilt
liegen. Fig. 39. Nach aussen liegt das Tympanicum und Quadratum, während am lateralen Theil der unteren Fläche die
Basis des Pterygoids ansitzt. Fig. 40. Pt. Einwärts von dieser
Stelle finden sich verschiedene schlitzartige Oeffnungen für
den Eintritt von Blutgefässen. Nach vorne zu grenzt es mit
der Ala magna an das Orbitosphenoid. Figur 48. Ap. und Figur 40. Ap.

Os parasphenoideum (BASILARBEIN)*

Fig. 52. und 56.

Dies ist der grösste Knochen des Schädels, von platter
schwert-oder dolchförmiger Gestalt mit abgestumpfter Spitze.
Seine Oberfläche repräsentirt die eigentliche Schädelbasis und
seine Ränder sind mit Ausnahme der hinteren Spitze, welche
das Hinterhauptsloch begrenzt, messerartig zugeschärft, und
erscheinen nach aussen resp. hinten saumartig von der Haupt-
fläche abgeknickt. Die vorderen zwei Drittheile dieses Saumes
werden vom unteren Rand der Ala parva (Orbitosphenoid)
überlagert, während der Rest von dem erwähnten eingekerbten
Rand der Pars petrosa resp. der Occipital-Portion eingenommen wird. Fig. 44. Bs. Ap. Die Ala parva liegt nicht in
ihrer ganzen Länge der Seitenkante eng an, sondern krümmt
sich vorne nach aussen von ihr ab, wodurch ein dreieckiger
Schlitz entsteht, auf den sich von unten her das Vomeropalatin mit seiner vorderen flügelartigen Verbreiterung legt.
Vergl. hierüber die rechte und linke Seite der Figur 45. Vp.
Dieselbe Figur zeigt auch den von der Schädeloberfläche he-

rabkommenden Hackenfortsatz des Stirnbeins, welcher mit
der Spitze des Parasphenoids in Berührung tritt. Ich komme
auf diesen Punct bei der Beschreibung des Stirnbeins noch
einmal zurück.

In der Mitte beginnt das Parasphenoid sich plötzlich zu ver-
breitern, wodurch seitlich eine Hervortreibung entsteht, welche dem Querschenkel des homologen Knochens bei den Anuren gleichzusetzen ist. Die vorderen Dreiviertheile der Oberfläche werden von einer Hohlrinne eingenommen, die sich nach
hinten zu, entsprechend der Configuration des Ganzen, verbreitert und endlich durch eine nach rückwärts convexe
Lippe abgeschlossen wird. Der hievon nach rückwärts liegende Theil des Parasphenoids wird von einer tiefen nieren-
förmigen Grube eingenommen, welche ringsum ebenfalls von
wulstigen Lippen eingefasst wird, wovon die hintere in der
Mittellinie eine rückwärts schauende schnabelförmige Auftreibung zeigt. Diese liegt 2. Mm. nach vorwärts und oberhalb des Zungenfortsatzes am freien Hinterrande.

Auf diese Weise treffe ich die Verhältnisse bei der Mehr-
zahl der Thiere, während ich bei andern die Lippe an der
vorderen Grube sich dergestalt nach rückwärts verlängern
sehe, dass die hintere Grube von ihr grossentheils überlagert wird. Man bekommt dann den Eindruck, wie wenn
zwei Teller von ungleicher Grösse ineinander liegen. Den
letzteren Fall veranschaulicht Fig. 32, den ersteren Fig. 36.
Hier sieht man beide Gruben durch eine tiefe geschwun-
gene Querfurche von einander getrennt, während sie dort
verschwunden ist. Die Tiefe dieser Gruben unterliegt sehr
bedeutenden individuellen Schwankungen, sie ist aber doch
immer tiefer, als bei unseren einheimischen Molchen, b e i
d e n e n z u d e m n i r g e n d s e i n e Trennung in z w e i
A b t h e i l u n g e n zu bemerken ist. Die Oberfläche des Ba-
silarbeins ist hier entweder so gut wie vollkommen plan
(Salam. mac. und atra) oder nur in Form einer kaum nen-
nenswerthen von vorne bis nach hinten gleichförmig fortlaufenden Furche vertieft. (Tritonen). Wenn man nun in Betracht

zieht, dass in der vorderen Abtheilung bei Salamandrina das
Vorderhirn, und in der hinteren der Hirnanhang seine Lage
hat, so wird Niemand in Zweifel ziehen, dass wir hier
das erste Auftreten einer Keilbeingrube i. e. des
Türkensattels vor uns haben! Vergleicht man hiemit
vollends das Parasphenoid der Ophidier (Z. B. Coluber), so
liegt die Homologie der Verhältnisse auf der Hand, und es
ist also die erste Anlage zu einer morphologisch
so wichtigen Bildung nicht, wie bisher allgemein angenommen wurde, bei den Reptilien,
sondern schon bei den Amphibien zu suchen.

Noch etwas möchte ich nicht unterlassen anzuführen, was
mir ein klares Licht auf denjenigen Theil des Petroso-occipitale zu werfen scheint, den ich oben in Uebereinstimmung
mit Andern als Ala magna aufgeführt habe.

Wie ich im Begriffe war, bei einem Exemplar das Basilarbein vom Petroso-occipitale zu trennen, löste sich die
Lippe, welche sich, wie oben bemerkt, in dem Fall der Figur 32. von der vorderen Grube über die hintere schiebt, mit
ab und blieb an demjenigen Theile der sogenannten Ala
magna hängen, welcher sich nach oben und aussen zieht,
um die vordere Begrenzung des Canals für den Trigeminus I.
zu bilden.

Die mit der grössten Sorgfalt angestellten Untersuchungen
zeigten mir, dass beide Theile durch Synostose
aufs innigste verlöthet waren!

Wie die obere Fläche, so unterliegt auch die untere bedeutenden individuellen Schwankungen. Iedoch ist ein für
allemal festzuhalten, dass sie im Gegensatz zu dem concaven Character der oberen Seite convex erscheint, mit
mehr oder weniger stark entwickelten Leisten und Höckern.
Bei allen Individuen bemerkt man einen Wulst an der, der
vorderen Grube auf der Oberseite entsprechenden Stelle. Er
hat bald gestreckt rhombische bald lanzen-oder birnförmige
Gestalt: Figur 40 und 48. Bs. und wird von tiefen Rinnen
flankirt. Eine nach hinten davon gelegene mehr knopfförmige

Auftreibung entspricht der hinteren Grube. Ausserdem zeigen sich noch Furchen und flache Erhebungen in radienartiger Anordnung, Fig. 40. welche von der Peripherie gegen die Längsaxe laufen.

Wenn ich früher sagte, den Tritonen komme nur ein schwach vertieftes Basilar-Bein zu, so ist dies bei Triton helveticus dahin zu modificiren, dass sich hier genau an der Stelle der hinteren kleineren Grube bei Sal. persp. ebenfalls eine tiefe ovale Grube zeigt, die jedoch nicht, wie bei letzterer, von wulstigen Lippen, sondern von scharfen Rändern begrenzt wird, so dass man den Eindruck bekommt, als wäre sie mit dem Locheisen herausgeschlagen. Wie bei dem Brillensalamander, so ruht auch hier die Hypophyse in der Grube, und wir erkennen auch hieraus die nahen Beziehungen zwischen beiden Thieren, auf die ich noch oftmals zu verweisen Gelegenheit haben werde.

Ossa parietalia.

Jede Hälfte für sich kann man mit einem Dreieck vergleichen, dessen eine, nach vorne und aussen, und dessen andere nach hinten und aussen schauende Seite einen welligen Verlauf zeigt, während die Basis in Form einer Harmonie in der Medianlinie mit der der andern Seite zusammenstösst. Eine hohe Kante zieht parallel dem hinteren äusseren Rande, wodurch das buckelige Emporspringen beider Scheitelbeine bewirkt wird, worauf ich schon früher aufmerksam machte. Die Unterfläche stellt eine tiefe Hohlrinne dar, welche an dem nach aussen schauenden Winkel des Knochens einen dornartigen Fortsatz nach abwärts schickt, welcher sich mit einer ähnlichen Bildung der Ala magna verbindet. Dadurch wird die eine Wand eines Kanals constituirt, welcher aus der Schädelhöhle in die hintere Abtheilung der Orbita führt und dem Trigeminus zum Durchtritt dient. Einwärts davon führt eine inconstante Oeffnung in transverseller Richtung hinaus aus der Schädelhöhle, welche hinter der

postfrontalen Apophyse des Stirnbeins ausmündet. Die hintere äussere Kante schiebt sich schuppenartig über eine Leiste
herüber, welche längs dem vorderen (inneren) Bogengang
hinzieht, während sich über dem vorderen inneren Rand das
Stirnbein anlagert. Die zwischen diesen beiden Rändern liegende kurze Strecke krümmt sich in die Augenhöhle herab
und hilft den hinteren Theil der Innenwand
derselben mitbilden. Fig. 40 h. Ich hebe dies ausdrücklich hervor, da dies sonst für eine charakteristische Eigen-
tühmlichkeit der Reptilien gilt und bei den übrigen Amphibien nicht zur Beobachtung kommt, wenn sich auch bei Tr.
taeniatus Spuren davon zeigen. Rathke (l. c.) sagt über die
californische Salamandra attenuata Folgendes: « Die
Scheitelbeine stehen sehr weit auseinander, zwischen denen
sich eine grosse Lücke befindet, die von einer dünnen
halb durchsichtigen fibrösen Membran ausgefüllt ist, durch
die man das Gehirn erblicken kann ». (Fontanelle). Ich habe
von einer derartigen Bildung bei den von mir untersuchten
Salamandrinen nie etwas bemerken hönnen, dagegen ist mir
etwas Aehnliches aus der Reihe der Anuren bekannt.

Ossa frontalia.

Kein einziger der übrigen Schädelknochen hat mein Interesse in so hohem Grade in Anspruch genommen, wie das
Stirnbein und ich habe dem entsprechend meine vergleichenden Studien auch auf andere Thierklassen ausgedehnt. Man
mag es mir daher verzeihen, wenn ich mich bei der Beschreibung desselben der scrupulösesten Genauigkeit befleissige,
und ungleich länger dabei aufhalte, als bei den übrigen
Theilen des Schädelgehäuses.

Man kann an dem Stirnbein jeder Seite einen Körper, vier
Fortsätze und drei Hauptflächen unterscheiden. Letztere werden von einem äusseren concaven, einem inneren geraden
und einem vorderen und hinteren unregelmässigen Rand be-
gränzt. Fig. 39. Was die Oberfläche des Körpers betrifft, so

ist sie ihrer Hauptausdehnung nach, der Median-Ebene entlang convex und fällt gegen den concaven lateralen Rand
in eine tiefe Furche ab, welche sich nach vorne gegen den
Processus nasalis zu einer eigentlichen Grube vertieft.
Fig. 39. Pn. Dass sie in ihrem ganzen Lauf von den, zur
Aufnahme von grossen Hautdrüsen bestimmten Löchern eingenommen ist, habe ich schon oben bemerkt, ich füge nur
noch bei, dass sie nach aussen zu von dem Processus orbitalis Fig. 39. Po. begrenzt wird. Der Nasenfortsatz zeigt
an seinen drei freien Seiten einen schräg abfallenden Rand
zur Anlagerung des Os nasale, frontolacrimale und des Os
intermaxillare. Der Processus orbitalis schaut mit einer
von aussen und oben schräg zur Medianebene ziehenden Fläche
gegen die Orbitalhöhle Fig. 40. 41. 46. Po. Diese greift
nach unten über einen starken schuppenartigen Fortsatz des
Orbitosphenoids und adaptirt sich aufs genaueste dessen oberer
Kante, während sie nach rückwärts an den Orbitalfortsatz des
Scheitelbeins stösst. Ihr vorderer Rand stösst an das Fronto-
lacrimale Fig. 41. zwischen Po und Fl und betheiligt
sich noch mit einem ganz kleinen Abschnitt an der Bildung
der Choanen.

Der Processus orbitalis hebt sich nach aussen und hinten
vom Körper des Stirnbeins ab und überschreitet, wie oben
bemerkt, die Augenhöhle, um sich mit einem entsprechenden
Fortsatze des Tympanicum zu verbinden. Ich bezeichne diese
Abtheilung des Augenhöhlenfortsatzes als Processus postfrontalis und folge damit dem Beispiel Ramorinos,
(l. c.) der auch seine Aufmerksamkeit hierauf richtete.

Es ist interessant das Zustandekommen dieses Pseudo-Joch-
bogens an der Hand unserer einheimischen Tritonen zu verfolgen, worauf auch schon mein verehrter Lehrer, Professor
Leydig (Ueber die Molche der Württemb. Fauna) aufmerksam macht. Weder der Land — noch der schwarze Bergsalamander zeigt diese Bildung auch nur andeutungsweise, wie
sie auch dem Geotriton und den Perennibranchiaten gänzlich
fehlt.

Betrachtet man den Schädel von Triton cristatus, so bemerkt man am Hinter-Ende des äusseren Frontal-Randes eine kaum merkliche dornartige Hervortreibung, welche bei Triton taeniatus schon etwas stärker entwickelt ist. Bei Triton alpestris ist sie noch weiter gediehen und hier geht schon eine Art von Abspaltung in Form eines Processus postfrontalis vor sich, bis es endlich bei Triton helveticus zu der Entwicklung einer eigentlichen postfrontalen Apophyse kommt, welche diejenige der Salamandrina und des Triton torosus an Länge noch weit übertrifft, weil hier die ganze, die Orbita überschreitende Brücke fast ausschliesslich von ihr allein gebildet wird und der gering entwickelte vordere Fortsatz des Tympanicum nur im hintersten Abschnitt noch an dieser Bildung Theil nimmt. Im Gegensatz dazu bildet letzterer die ganze hintere Hälfte der Spange bei Triton torosus und Salamandrina. Vergl. hierüber Fig. 82. 84. 85. 86. 87. 100. 39. 40.

Leydig lässt sich über diesen Punct folgendermassen vernehmen: « Im Anfang der dreissiger Jahre wurde man zuerst an einigen südeuropäischen Tritonen gewahr, dass ein knöcherner Bogen vom Stirnbein rückwärts zum Quadratbein gehe ». Bei folgenden Arten findet sich diese Knochenspange:

Euproctus Rusconii (v. Gené in Sardinien
  gefunden).
Pleurodeles Waltli (v. Michahelles beschrieben) (aus Andalusien).
Triton cinereus Daud.
Triton rugosus Dum.
Triton puncticulatus Dum.
  » Bibronii Dum.
  » repand. Dum.
  » palmatus Schneid. (helveticus).
  » vittatus Valenc.
Euproctus Poireti ⎱
Triton symmetricus ⎰ Nordamerica.

Bei Aufzählung dieser Arten beruft sich der genannte Autor auf Alfred Dugès und Duméril und Bibron. Er fügt noch die Bemerkung bei: « Die aufgezählten Arten von Tritonen scheinen mit unserem Triton helveticus zweitens darin übereinzustimmen, dass sich die mediane Rückenkante zu keinem eigentlichen Kamm, auch nicht während der Fortpflanzungszeit entwickelt ». Ich will nicht unterlassen, die Bemerkung einzuschalten, dass ich bei dem Weibchen des Triton helveticus diesen Bogen nicht ganz aus Knochen gebildet finde; hier ist der postfrontale Fortsatz nicht lang genug entwickelt, um das Tympanicum zu erreichen und die Lücke zwischen beiden wird durch straffes Bindegewebe gebildet, in dem da und dort knorpelige Inseln eingesprengt liegen.

Aus den Mittheilungen Hoffmanns (l. c.) entnehme ich, dass dieselbe Bildung auch bei gewissen Anuren beobachtet wird z. B. bei Pyxicephalus adspersus und dann in viel vollkommenerer Weise bei Ceratophrys dorsata.

Die Unterfläche des Stirnbeins Fig. 61. wird, den drei Flächen entsprechend, von drei Gruben eingenommen, welche durch eine hohe Leiste Cr getrennt werden. Diese theilt sich nach vorne gegen den Processus nasalis (Pn.) zu in zwei Schenkel, wovon der eine medianwärts in den später zu beschreibenden Hackenfortsatz H übergeht, während der andere an der äusseren Kante des genannten Fortsatzes hinläuft; sie geht von hier auf die Vorderkante und auch noch auf die Innenkante über, auf welchen sie sich aber zu einer kaum merklichen Erhabenheit abflacht. Dadurch entsteht eine tellerartige Vertiefung, welche den hinteren Abschnitt des Daches der Nasenhöhle bildet. Vergl. Fig. 39. Die lateralwärts von der Kante Cr liegende Grube ist nach aussen hin offen und ihr Boden ist nichts anderes, als die mit dem Namen Processus orbitalis bezeichnete Abtheilung des Stirnbeins. Ihr Zustandekommen beruht auf der schon früher angedeuteten schräg zur Median-Ebene gehenden Richtung dieser Lamelle.

Die medianwärts von der Kante liegende Grube F. ist die

weitaus grösste sowohl nach Länge als nach Tiefe und entspricht den beiden Hemisphären des Grosshirns; an ihrer Vordergrenze erscheinen die Hackenfortsätze HH. Unmittelbar
längs der Kante ist sie am tiefsten, während sie sich gegen
die Median-Linie zu verflacht.

Was die Kante selbst betrifft, so treffen wir sie schon in
ganz gleicher Anordnung bei den Fischen, wie sie bekanntlich auch bei Vögeln und Reptilien vertreten
ist. Bei unseren einheimischen Urodelen ist sie bei beiden
Species des Landsalamanders am schwächsten entwickelt,
während sie unter den Tritonen namentlich bei Triton
alpestris, taeniatus und helveticus zu starker Entwicklung gelangt. Beim Geotriton bleibt sie sehr niedrig
und erinnert hierin an Salamandra macul. und atra.

Was die Processus nasales anbelangt, so finden sie
sich bei Triton alpestris, taeniatus und helveticus
und zwar bei dem zweitgenannten am besten ausgeprägt,
während man bei Salamandra maculosa, wo sich die ganze
vordere Circumferenz der Stirnbeine wesentlich anders gestaltet, nicht wohl von solchen sprechen kann. Vergl. hierüber
die Fig. 84-89. Von Geotriton, der hierin unter allen Molchen
eine Ausnahmsstellung einnimmt, wird später die Rede sein.
Ich will hier nur noch der vorderen Stirnbein-Enden des von
Rathke (l. c.) beschriebenen Triton ensatus gedenken,
welche mehrfach fransig ausgeschnitten sind Fig. 102.
F. Viel wichtiger in morphologischer wie in phylogenetischer
Hinsicht sind die oben beschriebenen Processus orbi-
tales. Bei Salamandra und Triton cristatus kann
man nicht von solchen sprechen, ebenso sind sie auch bei
Triton alpestris kaum angedeutet, wogegen sie sich bei
den beiden andern Arten unserer deutschen Tritonen schon
bedeutend dem Typus von Salamandrina nähern, ohne
letzterer jedoch in Beziehung auf die Stärke und stattliche
Ausprägung überhaupt gleichzukommen. Wie sich hierin die
californischen Verwandten verhalten, muss ich dahin gestellt
sein lassen, jedoch möchte ich beinahe vermuthen, dass bei

Triton torosus, nach dem ganzen Habitus des Schädels
zu schliessen, ähnliche Verhältnisse vorliegen.

Ich begreife nicht, warum man nicht schon längst die
Amphibien auf diesen Punct untersuchte, und die Betheiligung der Frontalia und Parietalia an der Bildung der Orbita
immer als eine charakteristische Eigenthümlichkeit der Reptilien hinstellte?

So macht Köstlin (Der Bau des knöchernen Kopfes) auf
die Ophidier und Chelonier als die Hauptrepräsentanten dieser
Verhältnisse aufmerksam, indem er sagt: « das Scheitelbein
krümmt sich seiner ganzen Länge nach senkrecht herab und
befestigt sich hinten am hinteren Schläfenflügel und unten
durchaus auf dem seitlichen Rand des Keilbeins. Seine Fläche
wird vorne unmittelbar von einer ähnlichen, senkrechten
Platte des Stirnbeins fortgesetzt (Fig. 92. 'rechts und links
von Bs.) welche ebenfalls am Keilbeinrande, und zwar bis zu
seinem vorderen Ende sich inscrirt; zwischen Stirn-und Scheitelbein geht das Loch für den Sehnerven durch ». K. sagt
dann weiter : « Die senkrechte Platte des Scheitelbeins tritt
bei den Batrachiern nur als ein sehr niederer Streifen
auf; sie berührt daher in der Regel das Keilbein gar nicht
und ist nur an dem überaus platten Schädel von Pipa innig mit ihm verschmolzen ». Köstlin kann damit nur die
Anuren oder den gefleckten Landsalamander und Triton cristatus im Auge gehabt haben, denn bei den übrigen Tritonen senken sich auch die Scheitelbeine (wie die Stirnbeine)
eine Strecke weit in die Orbita hinab und wie sehr dies
bei Salamandrina der Fall ist, habe ich oben schon gezeigt. Auch dem Satz Köstlins: « Die Orbitaldecke fehlt
den Batrachiern vollständig » kann ich in Anbetracht des
weit überhängenden Orbital-Randes von Salamandrina sowie
von Triton torosus und helveticus nicht beipflichten; auch
zweifle ich keinen Augenblick, dass bei verschiedenen andern
verwandten Arten ähnliches vorhanden ist.

Wie sehr diese an den Reptilientypus (auch die Echsen
verhalten sich bekanntlich gerade so) erinnernde Bildungs-

weise bei den Amphibien vertreten sein kann, davon gibt
uns das beste Beispiel die Salamandrina, was am prägnan-
testen die Figuren 41. und 46. Po. erkennen lassen.

Ich komme endlich an dasjenige Anhangsgebilde des Stirnbeins, welches ich oben mit dem Namen « Hackenfortsatz »
bezeichnet habe. Man kann sein Zustandekommen gerade so,
wie wir es von dem posfrontalen Fortsatz gesehen haben,
auf die schönste Weise an der Hand unserer einheimischen Urodelen verfolgen! Werfen wir zuerst
einen Blick auf unsere beiden Arten des Landsalamanders, so
sehen wir die beiden Vorder-Enden der Stirnbeine unter Bildung einer unregelmässig gezackten Linie (Fig. 89. F.) genau in der Horizontalebene nach vorne gegen die Pars
ethmoidalis auslaufen. Dasselbe findet sich bei Triton
cristatus, während wir bei alpestris den ersten Anfang eines abweichenden Verhaltens gewahr werden.

Die Vorderenden der Stirnbeine bilden hier medianwärts
von den als Processus nasales bezeichneten Theilen unter
scharfer Knickung gegen die Horizontal-Ebene der Schädeloberfläche zwei schuppenartige Fortsätze, welche
in der Medianlinie enge zusammenstossend in die hintere
Circumferenz der Intermaxillar-Höhle eine kleine Strecke
weit hinabragen. Fig. 84. einwärts von F. Bei Triton helveticus, namentlich aber bei taeniatus ist dies noch
viel stärker ausgesprochen und die genannten Fortsätze ragen
hier viel weiter hinab als bei alpestris.

Alle diese Arten halten hierin aber kaum einen Vergleich
aus mit der Salamandrina, wo wir die schuppenartigen Fortsätze zu mächtig gekrümmten Hacken
umgewandelt sehen, welche anfangs in der Mittellinie dicht zusammenliegen, dann aber nach
abwärts leicht divergiren. Sie krümmen sich,
die ganze Hinterwand des Intermaxillar-Raumes
bildend, hinab bis zum Basilarbein, dessen vordere Spitze sie auf eine grössere oder kleinere
Strecke weit von unten her umgreifen Fig. 45. 46.

42. 60. 61. HH. Sie werden auf diese Weise zu Trä-
gern des letzteren und bilden zugleich einen
knöchernen Abschluss der Schädelhöhle nach
vorne zu! Dass sie ihrerseits wieder von der Platte des
Vomero-palatins von unten her gedeckt werden, habe ich
schon oben bemerkt. Fig. 45. Bei der Ansicht von oben sieht
man die mediale Kante des Processus nasalis bogig auf den
Vorderrand des Frontale da übergehen, wo der Hackenfortsatz sich von der Horizontalfläche des letzteren abknickt.
Fig. 39. i. Weiter hinab findet sich an der dem Intermaxillar-Raum zugekehrten sagittalen Fläche des Processus
nasalis eine scharfe Crista, welche nicht geschwungen,
sondern unter Bildung eines rechten Winkels auf die Frontal-
fläche des Hackenfortsatzes übergeht, wodurch eine Art von
Terrassenbildung mit dazwischen liegenden seichten Buchten
zu Stande kommt. Fig. 39. und 60. g. G.

Ueber die Bedeutung dieser interessanten Thatsache werde
ich später bei Betrachtung der Regio olfactoria als
Ganzes ausführlich zu berichten Gelegenheit haben, für jetzt
sei nur erwähnt, dass bei Salamandrina diejenige
Bildung, die man mit Os ethmoideum zu bezeichnen pflegt, im Sinn aller übrigen Amphibien,
ausgeworfen erscheint!

Ehe ich mit der Beschreibung des Stirnbeins abschliesse,
möchte ich noch einmal, auf denjenigen Theil des Processus
orbitalis zurückkommen, der sich beim Anblick von oben
durch die erwähnte löcherige Furche vom eigentlichen Körper des Frontale nach der Orbita hin abgliedert. Ich möchte
die Frage aufwerfen, ob dieser Theil nicht als Analogon des
Knochenrings betrachtet werden kann, welcher bei gewissen
Reptilien (Sauriern) die Orbita umzieht, wobei ich dann
den postfrontalen Fortsatz als identisch mit einem hinteren
Stirnbein betrachte? Bezüglich des letzteren Punctes würde
ich mich also Ant. Dugès (l. c.) anschliessen, der auch von
einer « fusion du frontal principal et du frontal
postérieur » spricht.

Gesichtsknochen.

Dieselben zeigen, abgesehen vom Tympanicum, ziemlich vollständige Uebereinstimmung mit unsern einheimischen Wassersalamandern, so dass ich mich hierin kürzer fassen kann.

Ossa quadrata.

Diese von Huxley, Gegenbaur und Stannius Quadrato-jugalia genannten Knochen sind dazu bestimmt, die Verbindung mit dem Unterkiefer zu vermitteln. Sie lassen sich nach ihrer Gestalt am besten mit einem zweiwurzeligen menschlichen Backzahn vergleichen, der eine vordere stärkere und hintere schwächere Zinke trägt, Fig. 52. Q. während bei den Verwandten eine mehr lamellöse Form mit unterem keulförmigem Ende beobachtet wird; auch ist bei den letzteren dieser Knochen im Verhältniss zum Schädel überhaupt stärker entwickelt und zugleich mehr in die Länge gezogen.

Die dickere Wurzel ist eigentlich nur die mässig verjüngte Fortsetzung desjenigen Theils des Knöchelchens, welcher die schwach vertiefte knorpelige Gelenkfläche trägt, und den man füglich als Körper betrachten kann. Er ist in einen Ausschnitt des Processus pterygoideus eingefalzt und trägt auf seiner inneren Fläche einen Knorpelüberzug, welcher wie die kleine Zinke, an das Petrosum stösst Fig. 52. Man kann im ganzen drei Flächen an dem Knochen unterscheiden, nemlich eine vordere innere Fig. 50, eine hintere äussere Fig. 52 und eine untere. Da wo die beiden ersten unter Bildung einer Kante Fig. 52. K zusammenstossen, legt sich der senkrechte Fortsatz des Tympanicum an und deckt das Quadratum zum grössten Theil zu. Sichtbar bleibt nach hinten zu nur ein Rand der hinteren (kleineren) Zinke Fig. 41. Q. und der, die sattelförmige Gelenkfläche lateralwärts begrenzende Knorren (K). Dieser ist durch ein kurzes derbes Bändchen aus fibrösem Gewebe mit der am meisten nach rückwärts schauenden Spitze des Oberkieferbogens verbunden.

5

Os tympanicum.

Es besitzt einen Körper mit drei Fortsätzen, die mächtiger
entwickelt sind, als bei irgend einem unserer einheimischen
Batrachier.

Der grösste davon kam anlässlich des die Orbita über-
brückenden Bogens schon einmal zur Sprache und wir haben gesehen, dass er in Form einer lang ausgezogenen
Spange zur Verbindung mit der postfrontalen Apophyse dient.
Fig. 47. Pa. und Fig. 39. 41. b b. In der Gegend seines Ab-
gangs vom Körper schickt er eine breite Schuppe medianwärts ab zur Anlagerung an das Vorderende des inneren Bogenganges Fig. 39. c. und setzt sich dann direkt in den kür-
zeren Fortsatz d. fort. Dieser, sowie der nach abwärts gehende, ist nicht so compact wie der vordere, sondern hat
einen mehr lamellösen Charakter. Zwischen ihm und dem
vorderen (b b) findet sich in transverseller Richtung eine
sattelartige Einkerbung, welche auf Fig. 41. und 47. deutlich
hervortritt. Die hintere Spange (d.) umklammert aufs eng-
ste den äusseren Bogengang und ist dem entsprechend an
der inneren Seite concav, während die äussere mässig convex nach aussen gerichtet ist. Nicht minder fest liegt der
absteigende Fortsatz e. Fig. 41. und 47. namentlich in seiner
hinteren Partie der Pars petrosa an; seine Fläche liegt nicht
der Medianebene parallel, sondern schräg zu ihr, in der Richtung von hinten und einwärts nach vorne und aussen. Dadurch wird mit dem von hinten und einwärts auftauchenden
Process. pterygoideus eine nach vorne offene Schlucht erzeugt,
in welcher das Quadrato-jugale eingelassen ist. Diese Verhältnisse lassen sich gut übersehen, wenn man den Schädel
an der entsprechenden Seite etwas erhebt und dann von
vorne her sieht, Fig. 50. Eine scharfe Kante, welche nach
hinten zu gelegen ist, passt wie hineingegossen in eine Furche
an der Pars petrosa unterhalb des äusseren Bogenganges.
Dass Dugès die Salamandrina persp. nicht kannte, be-

weist sein Ausspruch über das Tympanicum (sein temporo-ma-
stoïdien) der Urodelen: « sa portion zygomatique est tout-à
fait rudimentaire ».

Dass aber dieser Satz wohl für die meisten Urodelen
als Regel gilt, wird Niemand bestreiten, der sich mit der ge-
naueren Prüfung dieser Theile befasst hat. So treffen wir z.
B. bei Salamandra maculata und atra nur eine dünne Knochenlamelle mit einem oberen breiteren und unteren zugespitzten Ende. Eine vordere Spange ist nicht einmal in einer
Andeutung vorhanden, während sie nach rückwärts ausgesprochen ist. Fig. 89. T. Ganz ähnlich verhält es sich bei Triton
cristatus, und erst bei T. alpestris tritt der erste Anfang einer vorderen Spange auf, die sich bei T. taeniatus
nicht wesentlich vergrössert zeigt. Wie sich T. helveticus
hierzu stellt, habe ich schon früher angegeben. Vergl. Fig. 82.
84. 85. 86.

Oberkiefergaumengerüst.

Ossa pterygoidea. *Fig. 40. Pt.*

Diese mit der Spitze nach vorne und aussen gerichteten
dolchförmigen Knochen sitzen mit ihrer breiten Basis, welche
vier mannigfach ausgezackte Ränder und eine gehöhlte, mit
Knorpel ausgekleidete Unterfläche besitzt, der Pars petrosa
auf. Zwei dieser Ränder greifen nach vorne in die Augenhöhle und liegen hier der Ala magna innig an, während
die andern einer Kante entlang ziehen, welche sich unterhalb des äusseren Bogenganges hinerstreckt.

Was die knorpelige Auskleidung der Basis betrifft, so hängt
sie continuirlich mit der Knorpelzone an der Innenseite der
oben erwähnten vorderen Zinke des Quadratum zusammen und zieht sich als ein unendlich feiner und sehr schwer
darstellbarer Knorpelfaden in einen Kanal des Pterygoids hinein. Letzterer mündet wenige Millimeter vor der Knochen-
spitze, auf der der Orbita zugekehrten Fläche des Knochens
in einer Furche aus und gelangt hierin mit Ueberspringung

des, zwischen Os pterygoideum und Maxilla superior liegenden
freien Zwischenraums, zu der weiter nach vorwärts gelegenen Spitze der letzteren, wo er sich ansetzt.

Es ist dies der von Dugès bei Salam. marbrée beschriebene Knorpel; er heisst ihn « l'adgustal c'est à dire l'os
transverse ou pterygoidien externe ». Dugès weist darauf
hin, dass dieser Knorpel früher nur als einfaches Ligament
zwischen Pterygoid und Oberkieferjochbein aufgefasst worden sei.

Nach Rathke sollen der Salamandra attenuata die
Flügelfortsätze gänzlich fehlen; dasselbe berichtet Hoffmann
von Siren. Ich muss gestehen, dass mir dies sehr unwahrscheinlich dünkt, da ich längere Zeit versucht war, dasselbe
von Geotriton fuscus anzunehmen und endlich dennoch
den Processus pterygoideus entdeckte. Alles wirkt aber bei
letzterem zusammen, um diese Verhältnisse sehr schwer dar-
stellbar erscheinen zu lassen, worauf ich bei der speciellen
Beschreibung dieses merkwürdigen Batrachiers noch zurückkommen werde. Ich vermuthe nun, dass bei Salamandra
attenuata, selbst von einem so ausgezeichneten Beobachter
wie Rathke, diese Theile vielleicht ihrer hyalinknorpeligen
Natur und excessiven Feinheit wegen, vielleicht auch aus
Gründen der Präparations-Methode übersehen oder zerstört worden sind, denn ich kann mir nicht erklären, aus welchen Gründen sie bei der sonst ziemlich vollkommenen Uebereinstimmung des Thieres mit unsern deutschen Tritonen, worauf
Rathke selbst aufmerksam macht, eine Reduction oder
gar einen völligen Schwund erfahren haben sollten.

Eine sehr eigenthümliche Configuration zeigt das Pterygoid bei Triton ensatus, wo es, in eine vordere und
hintere Partie zerfallend, zugleich eine ganz aussergewöhn-
liche Ausdehnung zeigt. Es würde mich zu weit führen, hierüber eine ausführliche Darstellung folgen zu lassen und ich
verweise auf die Arbeit Rathkes in dem zoologischen
Atlas von Eschscholtz.

Os maxillare superius.

Man kann die nach vorne liegende Verbreiterung des Knochens auch hier füglich als Körper bezeichnen, der sich nach
rückwärts zu dem schon mehrfach erwähnten, die Orbita von
aussen umgreifenden Jochbogen verjüngt. Auf die mehr oder
minder starke Entwicklung des letzteren bei den Urodelen
überhaupt habe ich ebenfalls schon früher hingewiesen. Der
Körper bildet die äussere Wand des Nasenraums und betheiligt sich auch an der Constituirung der Hinterwand und des
Bodens.

Er besitzt dem entsprechend vier plattenartige Fortsätze,
von denen der eine nach vorn und unten an den Zwischenkiefer stösst und die äussere Umgrenzung der Apertura nasalis externa bildet Fig. 42. Ms, während der obere an das
O. nasale und frontolacrimale sich anpasst. Fig. 39. Ms. Die
nach unten liegende Platte betheiligt sich an dem Boden der
Nasenhöhle und stösst nach vorne an die Basalplatten des Os
intermaxillare, nach einwärts an die flügelartigen Ausbreitungen des Vomero-palatinum. Fig. 40. Ms. Ein weiterer
Fortsatz ist von der äusseren Fläche im Winkel nach einwärts abgebogen und bildet einen Theil der Vorderwand der
Augenhöhle, wobei er mit dem Frontolacrimale durch eine
Sutur verbunden ist. Fig. 41. bei R. Ausserdem folgt noch,
am freien unteren Rand des Körpers sowohl als des Joch-
fortsatzes entlang ziehend, der stark ausgeprägte Alveolar-
Fortsatz.

Sowohl der obere als untere Rand des Jochbogens zeigt
eine wulstige Lippe und dazwischen eine an der Aussenseite
hinlaufende Furche, welche sich zusammt den Lippen auf
den Körper fortsetzt, um dort ein, den bedeutendsten individuellen Schwankungen unterliegendes Netzwerk von Leisten und dazwischen liegenden grösseren oder kleineren
Gruben zu erzeugen. Häufig sind letztere nur in der Zwei-
zahl vorhanden und durch eine einfache, gerade nach vorne

laufende Crista getrennt. Fig. 41. Ms. In diesen auf der Aussenfläche des Oberkieferkörpers liegenden Vertiefungen bemerkt man eine oder zwei kleine Oeffnungen, welche in das
Cavum nasale führen und zum Durchtritt von Trigeminus-
fasern dienen, die in der Oberlippe ihr Ende finden. Ich
konnte dasselbe Verhalten bei allen von mir untersuchten
Urodelen constatiren.

Eine viel tiefere Rinnenbildung (Zahnfurche) zeigt die untere
Seite des Jochbogens. Fig. 40. 62. Sie wird nach aussen von
dem zahntragenden, mächtig entwickelten Alveolarfortsatz und
nach einwärts von einer messerscharfen Kante begrenzt, welche zugleich die untere Grenze für die schwächer gefurchte
Innenwand des Knochens abgibt. Schon aus dem Bisherigen
wird hervorgegangen sein, dass der Querschnitt der Jochbrücke die Gestalt eines Prismas mit eingebauchten Seiten und unregelmässigen Kanten repräsentirt.

Alles dies gilt aber nur bis in die Nähe des hinteren Endes, wo der Knochen schräg abgestutzt erscheint. Die innere
Furche — ich will sie ihrer Lage wegen Orbitalfurche nennen
— hört hier auf und es sind am Ende nur noch zwei Flächen
vorhanden. Mit andern Worten: aus dem Prisma ist eine
Lamelle geworden und das Hinterende sieht deshalb aus wie
platt geschlagen.

Nach vorne hin vertieft sich die untere Furche immer mehr und wird endlich an der Unterfläche des Körpers
zu einer eigentlichen Delle, wodurch der Anfang gegeben
ist zu der schon früher erwähnten trichterförmigen Configuration des Vordertheils vom Dache der Mundhöhle.

Betrachtet man die Oberkieferhöhle genauer, so sieht
man im hinteren Bezirk der Aussenwand zwei starke Leisten,
rechts und links von S Fig. 62. welche eine tiefe Furche
einschliessen. (S) Diese wird durch eine entsprechende Furche
am Fronto-lacrimale zu einem Kanale geschlossen,
dessen Eingang demnach an der Vorderwand der Augenhöhle liegen wird. Fig. 41. R.

Hier passirt der Ram. nasalis Trigemini und vielleicht ein

Drüsengang durch, wovon ich später noch einmal zu sprechen haben werde. Unterhalb jener Furche liegen die Oeffnungen für die oben erwähnten Infraorbital-Aeste des Quintus, ganz wie wir dies z. B. auch bei den Sauriern bemerken.

In sehr abweichender Weise verhalten sich in Beziehung auf den knöchernen Verschluss der Augenhöhle unsere einheimischen Wasser-und Landsalamander mit Ausnahme des T. taeniatus und namentlich des T. helveticus. Nur die letzteren besitzen ziemlich entwickelte Orbital-Fortsätze des Fronto-lacrimale und des Oberkiefers. Bei allen übrigen fehlen diese Bildungen und die klaffende Spalte wird geschlossen von der hinteren Circumferenz des knorpeligen Nasengerüstes. Dadurch ist auch selbstverständlich die Bildung eines knöchernen Ductus naso-lacrimalis ausgeschlossen und der Trigeminus durchbohrt hier einfach die knorpelige Nasenkapsel.

Aus dem Gesagten geht hervor, dass die Worte Gegenbaur's: (Grundzüge der vergl. Anatomie) « Die Theilnahme der Praefrontalia an der vorderen Begrenzung der Orbiten ist eine Eigenthümlichkeit der Reptilien » durch das Verhalten der Salamandrina und der offenbar am höchsten entwickelten Arten der Wassersalamander eine Einschränkung erfahren müssen.

Eine weitere Uebereinstimmung in der Configuration des Oberkiefers zwischen Salamandrina und dem Triton helveticus prägt sich in der Betheiligung desselben am Dach der Mundhöhle aus, während bei den andern Arten die Vomero-palatina ganz oder fast ganz bis zum Alveolarfortsatz des Oberkiefers reichen. Am ausgesprochensten ist dies der Fall bei Salamandra maculata und atra.

Os intermaxillare.

Es vervollständigt nach vorne den Kieferbogen und besteht wie bei dem Landsalamander aus zwei symmetrischen, nur durch eine Naht verbundenen Seitenhälften, während

diese bei allen unseren Tritonen durch Synostose verbunden sind. Man kann an dem Stücke jeder Seite vier
Fortsätze unterscheiden: 1) einen zahntragenden Alveolarfortsatz, der an den gleichnamigen des Oberkiefers stösst;
2) einen Processus nasalis, welcher aus einer, die Apertura
nasalis externa von unten umgebenden horizontalen und einer, diese Oeffnung medianwärts umziehenden Abtheilung
besteht. Dieser Fortsatz läuft an der inneren Kante der Nasenbeine weiter auf der Schädeloberfläche rückwärts und
stösst an die Horizontalfläche des Processus nasalis ossis frontis.
3) einen davon abgehenden Processus sagittalis, der unter etwas
mehr als einem rechten Winkel 4) an den Processus palatinus
stösst. Beide grenzen nach rückwärts an das Vomero-palatinum, während sich der Processus sagittalis ausserdem noch
an die senkrechte Fläche des Nasenfortsatzes vom Stirnbein und der Processus palatinus nach aussen an die Gau-
menplatte des Oberkiefers anschliesst. Für die letztgenannten
Verhältnisse vergleiche Fig. 46. Ls. Pp. zz. ll. für die andern
Fig. 57. S. a. P. asc. P. p. und Fig. 42. Im. Fig. 56. P. a. Pasc. Pp.

Die aufsteigenden und senkrechten Fortsätze stehen viel
weiter auseinander, als bei unsern Tritonen, wodurch ein
sehr weites Cavum intermaxillare entsteht, das nach
unten durch die in der Medianebene zusammenstossenden
Gaumenfortsätze Fig. 39. 56. Ii geschlossen wird.

Die ziemlich steile Richtung der Gaumenfortsätze nach rückwärts trägt wesentlich zur Constituirung des tiefen Trichters bei, was noch durch den Umstand gesteigert wird, dass
die beiden Hälften auch von der Medianlinie nach unten und
aussen abgeknickt erscheinen. Da wo der Nasenfortsatz auf
dem Alveolarfortsatz aufsitzt, finden sich kleine Leisten
von wechselnder Grösse und Gestalt, zwischen denen sich ein
oder zwei Löcher zum Durchtritt für den Nasalast des Trigeminus finden. Der senkrechte Fortsatz bildet zusammen mit
den bekannten Theilen des Processus nasalis des Stirnbeins
und der später zur Sprache kommenden Crista zz. des Vomers Fig. 46. die mediale Wand des Cavum nasale, während

der Processus palatinus zusammen mit der Oberkiefer-und Vo-
mero-palatin-Platte den Boden desselben bildet. Fig. 40. Im. Vp.

Die beiden aufsteigenden Nasenfortsätze erzeugen an der
Stelle ihres Zusammenstosses zwei wulstige Lippen, was der
Schnauze schon am lebenden Thier, im Gegensatz zu den
übrigen Urodelen, ein charakteristisches Aussehen verleiht,
worauf ich schon früher hingewiesen habe.

Was die übrige Vergleichung dieser Theile mit den verwandten Arten anbelangt, so ist die zu dem Intermaxillar-
Raum führende Oeffnung auf der Schädeloberfläche bei
Triton cristatus auf ein kleines ovales Loch reducirt.
Dieses erweitert sich bei T. alpestris zu einer langen
engen Spalte, welche sich bei T. taeniatus verbreitert,
bis endlich bei T. helveticus eine Oeffnung auftritt,
welche schon vielmehr an die von Salamandrina erinnert.
Fig. 82-86. Das Zustandekommen der engen Spalte bei T.
alpestris beruht auf den breiten Nasenbeinen, welche mit
ihren medialen Rändern die aufsteigenden Fortsätze des
Zwischenkiefers überlagern. Aber nicht nur der Eingang zum
Intermaxillar-Raum zeigt so geringe Dimensionen, sondern
dieser selbst ist bei T. cristatus und T. alpestris auf
eine enge Spalte reducirt, in der nur die feinste Scalpell-Klinge
Platz hat. Bei allen Wassersalamandern sind die aufsteigenden
Aeste des Zwischenkiefers weit stärker entwickelt und ragen
viel weiter nach rückwärts, als beim Brillensalamander. Dies ist
besonders bei Triton helveticus der Fall, wo sie nicht
nur allein die ganze seitliche Umrahmung der Zwischenkieferhöhle zu Stande bringen, sondern dieselbe sogar nach
rückwärts noch überragen und sich über denjenigen Theil
des Stirnbeins legen, den ich oben mit dem Namen Körper
bezeichnet habe. Fig. 86. Bei Triton taeniatus und helveticus werden diese Theile von den Nasalia nicht bedeckt,
sondern stehen wie bei Salamandrina nur in einem Apposi-
tionsverhältnisse zu ihnen. Was das Verhalten der senkrechten Fortsätze zu denen der Processus nasales der
Stirnbeine bei den beiden letztgenannten Arten betrifft, so ist

dies ganz dasselbe wie bei Salamandrina, was überhaupt
für die topographischen Beziehungen dieses Knochentheils zur
Regio nasalis fest zu halten ist. Jedoch ist der Processus.
palatinus bei Tr. cristatus und alpestris nur sehr
schwach vertreten und eigentlich nicht wohl als besonderer Theil vom Processus alveolaris zu trennen, während
wir bei den beiden andern Tritonen diese Theile in ähnlicher
Weise, wie bei der italienischen Art, stark vertreten finden.
Sie weichen von dieser nur insofern ab, als sie einen zungenartigen Fortsatz in der Medianlinie nach rückwärts abschi-
cken, welcher sich zwischen die beiden Vomero-palatina ein-
keilend, die Mundöffnung der Zwischenkieferdrüse von vorne
her begrenzt. Fig. 87. z.

Die aufsteigenden Processus nasales bleiben bei dem
Triton helveticus eine weite Strecke am Schädel her-
auf ungetrennt und bilden vor der ·Intermaxillar-Oeffnung
einen zusammenhängenden compacten Körper.

Schliesslich will ich hinzufügen, dass die Processus
nasales des californischen Triton ensatus Fig. 102
Im. « breiter sind, als bei irgend einem andern bekannten geschwänzten Batrachier, weshalb auch die Nasenlöcher und
die Nasenbeine, welche Knochen verschobene Vierecke darstellen, ungewöhnlich weit voneinander abstehen » (N.)
(Rathke) Merkwürdig ist das Verhalten der Gaumentheile,
indem sie sich zwischen die weit auseinander stehenden
Platten des Vomeropalatinum hineinerstrecken und die ganze
Umgrenzung der Gaumenöffnung zuwege bringen. Fig. 103.
Im. Oe. Leider stand mir dieses interessante Thier nicht selbst
zu Gebot, sondern nur die Abbildung von Eschscholtz, so
dass ich mich auf die Detailverhältnisse nicht näher einlassen
kann.

Wesentlich verschieden von diesem, allen Tritonen zukommenden Grundplan, zeigen sich hierin Salamandra atra
und maculata. Hier fehlen die Processus palatini
und sagittales vollkommen und der Alveolarfortsatz spannt
sich nur als einfache Spange zwischen beiden Oberkiefer-

hälften aus, wodurch die Vordergränze für das, hier sehr
grosse, Gaumenloch gebildet wird. Die seitlichen Ränder
kommen wie bei Triton ensatus durch das weit sich
gabelnde Vomeropalatin zu Stande, welches hier allein
die Bildung des Nasenhöhlen-Bodens übernimmt und die aufsteigenden Nasenfortsätze werden durch zwei dünne Lamellen
repräsentirt, welche bei Salam. maculata weit über die
vorgeschobenen Stirnbeine nach rückwärts ragen, während
dies bei S. atra Fig. 89. Im. in weniger hohem Grade der
Fall ist. Die Rolle der senkrechten Fortsätze übernehmen
knorpelige Lamellen, die zum Knorpelgerüste der Regio
nasalis überhaupt in Beziehung stehen und bei der allgemeinen Betrachtung der Regio olfactoria besprochen werden.
Ebendaselbst wird auch von dem oberen und unteren Verschluss der Intermaxillarhöhle die Rede sein.

Trotz dieser differenten Puncte stimmt der Zwischenkiefer
doch dadurch mit dem von Salamandrina überein, dass er aus
zwei Hälften besteht, die aber im Gegensatz zu diesem
Thier', wo sie aufs innigste miteinander verbunden sind, auf
den leisesten Druck schon auseinander weichen.

Noch eines Punctes will ich gedenken, der meines Wissens noch von Niemand hervorgehoben worden ist. Ich finde
nemlich bei allen unsern Tritonen eine constante
feine Oeffnung zwischen den beiden Gaumen-
platten, nach vorne von der viel weiteren Ausmündungsstelle der Gaumendrüse. Ich zweifle nicht,
dass dieser Canalis incisivus, der bis jetzt nur bis zu
den Reptilien hinunter verfolgt worden war, allen übrigen geschwänzten Batrachiern zukommt, welche
einen unpaaren Zwischenkiefer besitzen, während
er den andern, welche sich eines paarigen Os intermaxillare erfreuen, also z. B. der Salamandrina etc. vollkommen
fehlt. Was dieser Canal enthält, muss ich vorderhand dahin
gestellt sein lassen, werde aber anlässlich der Beschreibung
der Contenta des Cavum intermaxillare beim Brillensalamander noch einmal darauf zurückkommen. Fig. 83. 87. Fi.

Os nasale.

Man unterscheidet daran zwei Flächen und sechs Kanten. Von den ersteren ist diejenige, welche frei auf der Schädeloberfläche zu Tage liegt, convex und von unregelmässigen Leisten überzogen, zwischen denen sich wohl auch hie und da eine grubige Vertiefung zeigt. Fig. 53. Die untere Fläche ist tief concav und bildet das Dach der Nasenhöhle Fig. 55. Von den Kanten bildet die eine, welche allein frei endigt, die obere Circumferenz der Apertura nasalis externa, die andern stossen medianwärts an den Zwischenkiefer, lateralwärts an den Oberkiefer und nach rückwärts an das Frontale und Frontolacrimale. Fig. 39. Der Oberkiefer legt sich mit einer kleinen Schuppe über den äusseren Rand, während der innere Rand eine seichte Furche trägt zur Aufnahme des aufsteigenden Astes vom Zwischenkiefer. Die übrigen Ränder stehen in einem einfachen Appositions-Verhältniss zu den umgebenden Theilen. Es weicht also hierin von dem der Salam. mac. ab, wo sich der Zwischenkiefer-Ast und namentlich aber das Stirnbein eine weite Strecke sowohl unter das Fronto-lacrimale als das Nasale nach vorne schiebt. Im Gegensatz dazu überlagert das Nasale die Stirnbeine des Trit. cristatus und ist zugleich sehr kräftig entwickelt. Bei Tr. taeniatus und helveticus bildet es nicht die unmittelbare obere Begrenzung des Nasenlochs, indem sich das unterliegende knorpelige Nasengerüste unter ihm nach vorne schiebt, was namentlich bei T. helveticus stark ausgeprägt ist, so dass man bei letzterem, wenn durch eine geeignete Macerations-Methode alle knorpeligen Theile zerstört worden sind, Nasenlöcher von ganz enormer Grösse zur Ansicht bekommt. Fig. 86.

Os fronto-lacrimale. *Fig. 58.*

Dieser Namen scheint mir hier in Anbetracht der Configuration und topographischen Beziehungen des Knochens wohl

am Platze. Dass sich die eine seiner Flächen (m) senkrecht
hinab in die Augenhöhle wendet, wo sie deren Vorderwand
hauptsächlich bilden hilft, wurde schon erwähnt, ebenso dass
diese Fläche eine Rinne trägt, welche mit einer entsprechenden des Oberkiefers den Ductus naso-lacrimalis bildet S. Die
obere Fläche besitzt an der lateralen Seite einen starken
Wulst, der in der Verlängerung des Orbital-Fortsatzes vom
Stirnbein liegt (*) und nach innen davon eine tiefe Grube.

Seine Lagebeziehungen habe ich schon anlässlich der
Schilderung der anstossenden Theile angegeben und es ist
deshalb nur noch hinzuzufügen, dass sich der untere Rand
seiner Orbitalfläche wie ein Thorbogen über die Choane herüberspannt. Fig. 41. Fl. Die Unterfläche ist dellenartig und
bildet den hinteren Abschnitt des Daches der Nasenhöhle,
sowie einen Theil der äusseren hinteren Wand.

Wo wir bei den deutschen Salamandrinen auf ähnliche
oder gleiche Verhältnisse stossen, habe ich schon angegeben
und es bleibt mir nur noch übrig, auf das merkwürdige Verhalten des Triton ensatus aufmerksam zu machen. (Figur 102.) Rathke (Eschscholtz) lässt sich folgendermassen hierüber vernehmen: « Nach aussen von dem Nasenbeine und dem vorderen Ursprung des Stirnbeins befindet
sich jederseits eine Reihe von drei kleinen Knochenplatten,
die von vorne und innen die Augenhöhle begrenzen (x. x.).
Das hinterste von ihnen scheint das Thränenbein vorzustel-
len » Fl. Es fragt sich, ob wir zu diesen Bildungen den
Schlüssel nicht bei dem Schädel der Fische zu suchen haben, wo sich in der Regio nasalis da und dort ähnliche Verhältnisse zeigen? Damit würde auch der Bau des übrigen
Kopfes stimmen, der auf eine niedrige Entwicklungsstufe
hinweist. Doch bin ich weit entfernt, mich hierüber bestimmt
erklären zu wollen, da mir das Thier selbst nicht zur Untersuchung vorlag.

In Beziehung auf den Ductus naso-lacrimalis behauptet Ant. Dugès, bei Bufo fuscus (Bombinator)
existire eine Verknöcherung der von ihm sogenannten Bran-

che latérale und zwar in der Weise, dass sie durch die Os-
sification mit hereingezogen werde in den Bereich des Eth-
moids. Dieser Theil sei dann von einer Oeffnung durchbohrt,
.welche in die Nasenhöhle führe, wodurch ein eigenes knöchernes Lacrimale entstehe mit einer « Passage des
larmes ».

Schliesslich will ich noch an das Fronto-lacrimale von Lacerta erinnern, das sowohl bezüglich seiner Form als in
der Bildungsweise des Ductus naso-lacrimalis sehr an S. perspicillata erinnert.

Ala parva ossis sphenoid. *Fig. 49.*

(*Os ingrassial Dugès*).

Im Grossen und Ganzen kann man seine Form mit einem
nach vorne zu sich allmälig verjüngenden Rechteck vergleichen, welches nach oben an's Stirnbein, nach hinten an die
Ala magna, nach unten an das Basilarbein und Vomero-palatin grenzt, während es nach vorne zu die innere Circumferenz der Choane bildet.

Alle seine Ränder sind von der Aussenfläche nach innen
abgeknickt und legen sich überall unter Bildung einer Su-
tura squamosa an die benachbarten Knochen an. So findet
es sich namentlich nach rückwärts stark ausgeprägt, wo das
Alisphenoid (Ala magna) weit über den Wulst (W) bis zur
fast unmittelbaren Berührung des Foramen opticum (O) nach
vorne ragt.

Die äussere Fläche ist ihrer grössten Ausdehnung nach in
transverseller Richtung leicht eingebaucht Fig. 40. 45. Ap.
und trägt eine tiefe Grube, in der das Foramen opticum mündet. Nach aufwärts davon Fig. 49. B. findet sich eine blind
im Knochen endigende Oeffnung von derselben Grösse wie
das Foramen opticum.

Ich führe eine Bemerkung Rathkes über das Keilbein
des Triton ensatus an, die wohl geeignet ist; auch auf
die von mir gemachte Beobachtung des Zusammenhangs

zwischen Ala magna und Keilbeinkörper ein erklärendes
Licht zu werfen: « Der Körper des Keilbeins ist ungewöhnlich lang und schmal; ebenso auch der vordere und mit ihm
fest verwachsene Keilbeinflügel. Hintere Keilbeinflügel, die bei andern geschwänzten Batrachiern
fehlen, sind hier deutlich vorhanden. Sie sind
aber viel kleiner als die vorderen, sind mit dem
Körper des Keilbeins innig verschmolzen und
stellen unregelmässige oblonge Platten dar, die
nach oben hinten und aussen aufsteigen, den
Paukentheilen der Schläfenbeine anliegen und
beinahe bis an das Ende dieser Theile hinrei-
chen ».

Os vomero-palatinum. *Fig. 40. 44. 45.*

Dieser Knochen weicht in seiner Grundanlage nicht von
demjenigen unserer Tritonen ab, d. h. er besteht aus einem
vorderen flügelartig verbreiteten und einem nach rückwärts
laufenden stielartigen Theil. Der erstere begrenzt mit einem
medianwärts gelegenen Ausschnitt das Gaumenloch und mit
einem lateralen die Choanen Fig. 40. Von den sonstigen topographischen Beziehungen habe ich nur noch zu erwähnen,
dass die Theile beider Seiten vor und hinter der Gaumenöffnung durch eine Naht enge mit einander verbunden
und mit ihren Flächen von oben und innen nach unten und
aussen geneigt sind.

Die nach hinten gehenden, auf ihrer inneren Kante zahntragenden, Fortsätze sind nicht wie bei Salamandra maculata ablösbar und stimmen also in diesem Punkte mit
den Tritonen überein. Was den Grad ihrer Schwingung betrifft, so ist diese noch etwas stärker als bei Tr. helveticus, macht also nicht jene stark gekrümmte umgekehrte
Leier-Figur, wie sie Salamandra maculata und anderen
eigenthümlich ist.

Das andere Extrem weist der Triton cristatus auf,

wo wir eine fast vollkommen parallele Richtung dieser Theile
notiren können, während sie bei den drei andern Wassersalamandern durch ihre Divergenz nach hinten zu, der Salamandrina sehr nahe kommen.

Wie sich die flügelartigen Verbreiterungen des vorderen
Abschnittes beim Landsalamander und Tr. ensatus verhalten, habe ich schon mitgetheilt und ich will nur noch
erwähnen, dass sie sich bei Triton cristatus und alpestris genau wie bei der Salamandrina vor und hinter der
Gaumen-Oeffnung von beiden Seiten zusammenschliessen.

An der oberen Fläche des Randes, welcher die Gaumen-Oeffnung umgrenzt, findet sich eine scharfe, emporra-
gende Leiste, welche zugleich den höchst gelegenen Abschnitt des ganzen Knochens repräsentirt. Sie schiebt sich an
der, die Intermaxillar-Höhle theilweise begrenzenden, senkrechten Lamelle des Nasenfortsatzes vom Stirnbein und
weiter nach vorne an dem Processus sagitalis des Os intermaxillare von aussen her hinauf, Fig. 46. zz. wobei sie sich
aber nicht der ganzen Fläche des genannten Stirnbeinfortsatzes
genau anschliesst, so dass eine ziemlich weite Spalte Fig.
46. * zu Stande kommt, die bei keinem andern von
mir untersuchten Molche zu beobachten war.

Dadurch ist eine weite Communications-Oeff-
nung zwischen Nasal-und Intermaxillär-Raum
geschaffen, durch welche wichtige Gebilde pas-
siren, die bei den übrigen Urodelen einen andern Weg einzuschlagen gezwungen sind.

Von dieser Leiste (zz) zieht eine zweite, den Knochen in
die zwei oben angedeuteten Theile zerlegende, nach aussen,
auf deren lateralem Ende der vorderste Theil des Orbitosphenoids aufruht. Fig. 44.

Der Processus uncinatus des Stirnbeins passt in eine
Vertiefung des Vomero-palatinum hinein, welche sich nach
auswärts und hinten von der erst beschriebenen Leiste z.z.
befindet.

Der Kanal für einen Nerven, welcher längst schon von

den übrigen Urodelen bekannt ist, findet sich auch hier und mündet vorne auf der Oberfläche des plattenartigen Theils des Knochens aus.

———————

Der Inhalt des Cavum intermaxillare besteht aus einer, von Leydig bei Triton und Salamandra beschriebenen, gelblich-weiss aussehenden Speicheldrüse, welche von den knöchernen Wänden eng umschlossen wird. Für jetzt sei nur so viel darüber gesagt, dass sie mit der Mundhöhle communicirt, was man leicht dadurch constatiren kann, wenn man einen sanften Druck auf ihre Oberfläche ausübt, worauf man Luftblasen an der entsprechenden Stelle am Dache der Mundhöhle austreten sieht. Eine Knorpelzunge, welche bei Salam. macul. und atra dieses Cavum von oben her zum grössten Theil verschliesst, ist hier so wenig wie bei Triton vorhanden, und die Drüse liegt nur von der hier sehr fest adhärirenden Haut bedeckt. Im ganzen Zwischenkiefer-Raum überhaupt findet sich keine Spur von Knorpel, dagegen ein ansehnlicher Nervenstrang, mit dessen Herkunft es sich folgendermassen verhält. Längs dem Orbito-sphenoid hin streicht der Ramus I. Trigemini, welcher, nachdem er verschiedene kleine Zweigchen an die Augenmuskeln abgegeben hat, durch den Kanal zwischen Maxillare superius und Frontolacrimale tritt, um sich im hinteren Nasenraum in zwei Hauptzweige zu theilen, von denen der eine als Infraorbitalis durch die Oeffunngen im Oberkiefer hinaustritt, während der andere in dem Schlitz zwischen der Crista ossis vomero-palatini einer-und dem Stirnbein andererseits verschwindet. Auf dem Wege dahin giebt er mehrere Aeste ab, welche nach vorne auf der knorpeligen Nasenkapsel verlaufen. Indem er das Cavum intermaxillare durchsetzt, giebt er feinste Aeste in die Drüsensubstanz ab und dringt schliesslich zu den Oeffnungen an der Schnauzenfläche des Os intermaxillare hinaus zur Oberlippe.

Bei allen übrigen Arten der Urodelen, welchen die schlitzartige Oeffnung mangelt, geht der Nerv an der äusseren
Seite des Processus sagittalis hin und durchbricht vorne in
dem Winkel, den dieser Fortsatz mit dem Nasenfortsatz erzeugt, den Zwischenkiefer. Von Olfactorius-Elementen
ist im Intermaxillar-Raum nichts zu entdecken, und ich fand
meine Vermuthung, dass wir es bei S. perspicillata vielleicht mit der ersten Anlage des Jacobson'schen Organs zu thun hätten, nicht bestätigt.

Ich lasse nun der bequemeren Uebersicht wegen eine tabellarische Zusammenstellung der, die verschiedenen Höhlen
und Kanäle constituirenden Schädeltheile folgen:

1) Orbita.

Aussenwand: Processus zygomat. oss. maxill. sup.
Innenwand: Orbito-sphenoid. Process. orbital. ossis frontis.
  Os parietale.
Hinterwand: Ala magna. (Basis Pterygoidei).
Vorderwand: Maxilla superior. O. fronto-lacrimale.
Boden: Pterygoid.
Dach: Process. orb. oss. frontis und Arcus tympano-frontalis.

2) Choane.

Obere Wand: Process. orbit. ossis fronto-lacrim.
Innere » Orbito-sphenoid und Process. orbit. oss. frontis.
Aeussere » Os maxillare sup.
Boden: O. vomero-palatinum und ein hyal. Knorpelfaden,
  welcher sich über die hier befindliche Incisur des Vo-
  mero-palatins herüberspannt.

3) Cavum nasale.

Vorderwand: Proc. nasalis oss. intermaxillaris.
Aussenwand: O. maxill. sup.

Dach: Vorne: Os nasale. Hinten: Proc. nasal. oss. frontis und O. fronto-lacrimale.

Boden: { Vorne: Process. palat. oss. intermaxillaris.
{ Hinten:. Vomero-palatin.
{ Aussen: Process. palatin. oss. maxill. sup.

Hinterwand: Proc. orbital. oss. maxill. sup. und Proc. orbital. oss. fronto-lacrim.

Innenwand: Process. sagittal. oss. intermaxill. Proc. nasal. oss. frontal. mit seiner senkrechten Lamelle, und Crista oss. Vomero-palatini.

4) Cavum intermaxillare

Boden: { Vorne: Process. palatin. oss. intermaxill.
{ Hinten: Vomero-palatinum.

Vorderwand: Process. nasal. oss. intermaxill.

Hinterwand: Process. uncinati oss. frontis und Vomero-palatin.

Aussenwand: Process. sagittal. oss. intermaxill. Senkrechte Lamelle des Process. nasal. oss. frontis und Crista Vomero-palat.

Dach: Aeuss. Integument und nach vorne zu die vereinigten Process. nasal. oss. intermaxill.

5) Apertura nasal. externa.

Aussenwand: Maxilla sup.

Dach: Os nasale.

Boden und Innenwand: Process. nasal. oss. intermaxill.

✳ 6) Foramen pro Nervo olfact.

Dach: Process. nasal. oss. frontis.

Boden: Vomero-palatinum.

Aussenwand: Vorder-Ende des Orbitosphenoids.

Innenwand: Process. uncinatus oss. frontis.

Os maxillare infer.

Der Unterkiefer besteht aus zwei, vorne durch straffes Bindegewebe verbundenen Seitenhälften und verhält sich ganz
ähnlich, wie bei unsern einheimischen Tritonen. Jede Seitenhälfte besteht aus folgenden drei Stücken:

1) Processus Meckelii.
2) Os angulare.
3) Os dentale externum.

Ich beginne mit der Beschreibung des letzteren. Fig. 38.
Dieses, aus ächter Knochensubstanz bestehend, stellt die
Hauptmasse der ganzen Spange dar. Das hintere Ende zeigt
einen dünnen lamellösen Charakter und spitzt sich rückwärts zu, während die vorderen zwei Drittel compacter erscheinen und in ihrem Inneren einen langen Canal einschliessen, der sich nach hinten zu (Figur 38. *) öffnet, um sich
hier in eine breite Furche fortzusetzen. Die äussere und innere Wand dieses canaltragenden Stückes ist nach innen
und aussen mässig vorgebaucht und die letztere trägt eine
tiefe Zahnfurche, wobei die Zähne ganz in derselben Art und
Weise angeordnet sind, wie wir es längst von den übrigen
Urodelen her kennen, so dass es überflüssig wäre, hierüber
viel Worte zu machen; jedoch sei erwähnt, dass sie sich
sehr weit nach rückwärts erstrecken, nemlich bis zu dem
Puncte a. Fig. 38.

Was das Angulare anbelangt, so ist es ebenfalls gut
verknöchert und besitzt eine dolchartige, hinten breit lamellöse, vorne spitz ausgezogene Form. Fig. 34. A. Es trägt an
seiner lateralen Fläche eine tiefe Rinne, oder besser gesagt:
der ganze Knochen ist hier in seiner hinteren Hälfte zu einer tiefen Schale geworden, welche sich auf die oben erwähnte Furche des Dentale hinpasst, wodurch der bei * Figur 38. endigende Kanal nach hinten zu in Form eines weiten Trichters fortgesetzt wird. Letzterer wird dadurch noch
vertieft, dass die obere Kante, welche an dem Puncte P. c.

Fig. 34. überhaupt die höchste Stelle des ganzen Unterkiefers repräsentirt, aus der Sagittal-Richtung medianwärts abgebogen erscheint. Fig. 33. A.

An seinem vorderen zugespitzten Ende wird es sowohl nach
unten, als nach oben vom Dentale überragt. Durch dieses
Verhältniss des Dentale und Angulare wird dem Processus Meckelii gewissermassen seine Lage vorgezeichnet.
Er besteht aus einem dickeren verknöcherten Hinterende, das
nach oben und rückwärts eine Knorpelhaube trägt zur Articulation mit dem Quadrato-jugale. Fig. 33. 34. 37. Gk.
Nach vorne zu wird er durch einen feinen drehrunden Knorpelfaden fortgesetzt, der den Canal des Dentale durchschiesst
und endlich haarfein endigt. Am besten lässt sich der ganze
Meckel'sche Fortsatz mit einer Reitgerte vergleichen, wobei
der Griff durch die dicke, zwischen Dentale und Angulare
eingekeilte knöcherne Masse vorgestellt wird.

Ausserdem liegt noch im Canal ein ansehnlicher Ast des
Trigeminus, der auf der Figur 37. NN. dargestellt ist.
Das Dentale ist leicht vom Process. Meckelii zu trennen, während das Angulare fast untrennbar fest mit letzterem zusammenhängt; in zwei Fällen gelang mir die Ablösung dieser Theile gar nicht, da sie durch Synostose verbunden
waren.

Dies steht im Gegensatz zu Salamandra mac. und
atra, wo alle Theile sehr leicht isolirbar sind; ferner
läuft hier der Process. Meckelii in seiner grösseren Ausdehnung in einer Rinne des Dentale und nur theilweise in
einem eigentlichen Canal wie bei S. perspic. Jene ist allerdings so weit geschlossen, dass sie nur die Spitze der Prae-
parirnadel eindringen lässt. Ganz dasselbe ist von Tr. cristatus und alpestris zu notiren; bei den beiden andern
Tritonen bemerkt man, wie bei der italienischen Art, einen
geschlossenen Canalis dentalis.

Von Trit. cnsatus schreibt Rathke: « Die untere Kinn-
lade ist im Verhältniss zum Oberkopf grösser, als bei irgend
einem bekannten Molche oder Salamander. Ihre Aeste sind

hinten ungewöhnlich breit und jede Seitenhälfte besteht
aus drei Stücken ».

Die Zähne.

Wie aus dem früher Gesagten hervorgeht, besitzt der Oberkiefer, Zwischenkiefer, die Maxilla inferior und das Vomero-
palatinum Zähne, und zwar stehen sie bei den drei ersteren
einreihig, während sie bei dem Vomero-palatin folgendes
Verhalten zeigen. Ganz vorne, wo die Vomero-palatina zu
divergiren beginnen, sitzen die grössten Zähne auf der medialen Seite des Knochens einreihig und zwar ragen sie
fast ganz horizontal nach einwärts, denen der andern Seite
entgegenschauend. Nach hinten rücken sie mehr auf die innere Hälfte der Unterseite des Knochens, wobei sie eine
zweireihige Stellung annehmen, welche an der ganzen
unteren Fläche des hinteren freien Endes in eine drei- bis
vierreihige übergeht. Dieser Theil bietet daher ungefähr diejenige Stellung dar, die Owen und Hertwig. (Arch. f.
m. Anat. 11. Bd) eine bürsten-oder hechelartige nennen und von der ich nicht bestimmt anzugeben vermag, ob
sie bei unsern einheimischen Molchen gerade so vorkommt.
Auf Fig. 40 ist dieses Verhalten leider nicht gut wiedergegeben, worauf ich ausdrücklich aufmerksam mache!

Was den histologischen Bau anbelangt, so stimmt er vollkommen mit dem überein, was Hertwig (l. c.) von den übrigen Urodelen angegeben hat. Auch hier ist eine deutliche
Sonderung in Krone und Sockel zu erkennen; auch bemerkt
man an der, die Zahnpulpe Fig. 51. P. einschliessenden inneren Wand der Zahnhöhle, die vorspringenden Kugeln, auf
die auch Leydig aufmerksam macht. S. Der Sockel sitzt
einer grobmaschigen, porösen Knochensubstanz Fig. 51. P.
K. S. auf. Die Krone trägt die bekannte gelbliche Doppelspitze
und lässt die Zahnröhrchen deutlich durchschimmern.

Ein Unterschied von unsern Tritonen liegt nur in der ausserordentlichen Kleinheit der Zähne, die übrigens in Anbe-

tracht der kleinen Schädeldimensionen überhaupt, nichts
Befremdendes haben kann.

Zungenbein-Kiemenbogen-Apparat. *Fig. 84.*

Geht man vom Unterkieferbogen nach rückwärts, so stösst
man auf die grossen Zungenbeinhörner H H. Ich will sie aus
Gründen, die sich aus dem Folgenden von selbst ergeben
werden, als hintere bezeichnen. Sie bestehen wie bei Salamandra maculata und atra, sowie bei Geotriton
fuscus nur aus dem hyalin-knorpeligen Ventralsegment,
während sie bekanntlich bei allen unsern deutschen Tritonen aus zwei, oder wenn man will, aus drei Abschnitten
zusammengesetzt sind. Fig. 98. 99. II H. abc. Der vorderste (*a*)
und der hinterste (*c*) componirt sich ebenfalls aus hyaliner
Knorpelsubstanz, wogegen der Abschnitt *b* ossificirt erscheint.
Das Vorderende des Zungenbeinhornes von Sal. persp. ist
breit und spitzt sich nicht so scharf zu, wie beim Landsalamander; ebenso geht der äussere Rand unter Bildung einer
wulstigen Lippe, (L) die bei letzterem ebenfalls fehlt, gleichmässig geschwungen und nicht geknickt, wie hier,
nach hinten. Diese Lippe verdickt sich nach rückwärts und
bildet schliesslich das drehrunde verjüngte Hinterende des
Hornes.

Letzteres besitzt keine knorpelige Verbindung mit dem
Schädel, das vordere dagegen ist durch einen lockeren Bin-
degewebsstrang mit der Copula V C. in Verbindung. Das
Ganze ist demgemäss im wesentlichen auf eine Fixation von
Seiten der betreffenden Musculatur und deren Fascien ange-
wiesen, wobei vorzüglich jener Muskel in Betracht kommt,
den Rusconi mit « Protracteur des cornes postérieures »
bezeichnet. Ich füge hier die Bemerkung an, dass die bewe-
gende Musculatur im Ganzen mit derjenigen unseres gefleckten Landsalamanders übereinstimmt, weshalb ich mir ihre
besondere Schilderung füglich ersparen kann.

Das hintere Zungenbeinhorn liegt, in natürlicher Lage be-

trachtet, mit seinen zwei Hauptflächen nicht in der Horizontalen, sondern so, dass die eine Fläche, welche rinnenartig
vertieft·erscheint, nach oben und innen, und die andere,
welche in der Längs-und Quer-Richtung convex sich aus-
baucht, nach unten aussen resp. nach vorwärts gerichtet ist.

Der Zungenbeinkörper (Basi-hyal: Dugès) stellt eine
langgestreckte schippenartige Lamelle dar, welche gut·
verknöchert ist. Man könnte sie auch, ihres breiten Vor-
der-Endes wegen, passend mit einer abgebrochenen Speer-
spitze vergleichen. Seitlich besitzt sie bei C. eine leichte Ausbauchung und von hier an verjüngt sie sich nach hinten zu
plötzlich, oder besser gesagt: die, die ganze Mittellinie der
Oberfläche einnehmende, scharfe Kante verdickt sich wulstig
und überschreitet nach rückwärts die unterliegende Lamelle,
so dass sie, als integrirender Bestandtheil der letzteren, zugleich als ihr stielartig verjüngtes Hinter-Ende gelten kann.
Dieses erscheint von beiden Seiten her schräg abgestutzt,
und dem entsprechend ist auch die hintere Copula IIC. ge-
formt. Die oben genannte Kante ist am hinteren verdickten
und am vorderen Ende, wo sie sich ebenfalls etwas verbreitert, am höchsten, während die dazwischenliegende Partie sattelförmig eingesunken ist. Die Unterfläche wird von
einer seichten Furche durchzogen, ebenso ist das vordere
Ende leicht gehöhlt, wie eine Gelenkpfanne, in der die starke
Copula VC. eingelassen ist. Mit letzterer sind die zwei
vorderen Zungenbeinhörner durch derbes Bindegewebe
fest und doch leicht beweglich verbunden. Fig. 54. 59. VII.
Diese sowohl, wie die Copula bestehen aus hyalinem Knorpel
und erfreuen sich einer solch ausserordentlich starken Entwicklung, dass sie an die Hörner von Bos bubalus erinnern. Fig. 59. VII. Sie liegen in das Zungenfleisch
eingebettet und zwar in der Nähe des äusseren
Randes, wo sie sich fast bis zum hinteren freien
Ende der Zunge zurück erstrecken; indem sie
schliesslich in eine feine Spitze auslaufen. Im Zustand der Ruhe liegen sie auf dem Boden der Mundhöhle und

werden beim Erhaschen der Beute mit der Zunge nach vorwärts geklappt. Endlich sei noch erwähnt, dass sie mit ihrer
Basis nicht allein auf der Copula durch fibröses Gewebe fixirt
sind, sondern dass letzteres auch die Hälften beider Seiten an
demselben Puncte g e g e n s e i t i g verbindet.

Was den Z u n g e n b e i n k ö r p e r der beiden Arten des
Landsalamanders anbelangt, so ist derselbe rein k n o r p e-
l i g e r Natur und zerfällt nicht in drei Abschnitte, wie bei
S. perspicillata, während diejenigen Bildungen, welche D u g è s
mit « R e p r é s e n t a n t d e l a c o r n e s t y l o i d i e n n e » und
G e o f f r o y mit « A p o h y a l e t C e r a t o-h y a l » bezeichnet,
wohl als Analoga der vorderen Hörner von S. perspicillata
aufgefasst werden müssen. Bei S. maculata und atra sind aber
z w e i Paare vorhanden, während T r i t o n c r i s t a t u s nur
e i n e s besitzt, welch letzteres unbedingt im Sinne der italienischen Art gedeutet werden kann. Hiefür spricht schon
die ganze Configuration dieses Theiles und seine topographischen Beziehungen zu der hier ebenfalls vorhandenen vorderen Copula. Es handelt sich mit andern Worten um eine
eigentliche Gelenkverbindung, wovon bei S a l. m a c u l. und
a t r a nicht wohl die Rede sein kann, da die Theile hier nur
wie zufällig in der Nähe des Zungenbeinkörpers s e h r l o s e
durch Bindegewebe fixirt erscheinen. Beide Arten haben mir
in Beziehung auf diesen Punct den Eindruck gemacht, als
handle es sich um eine sehr weit fortgeschrittene regressive
Metamorphose, w ä h r e n d w i r d i e h o m o l o g e n B i l d u n-
g e n d e s i t a l i e n i s c h e n S a l a m a n d e r s i n d e n h ö h e r-
e n T h i e r k l a s s e n w i e d e r v e r t r e t e n f i n d e n. Ich erinnere nur an die E m y d e a m o n i m o p e l i c a und an gewisse
Ordnungen der V ö g e l, wo ebenfalls mit dem Zungenbeinkörper verbundene und zugleich in die Zunge eingelagerte
Bildungen getroffen werden.

Was den Zungenbeinkörper der T r i t o n e n anbelangt, so ist
er im Verhältniss zu den Zungenbein-und Kiemenbögen ver-
schwindend klein, und sein ossificirter Theil wird z. B. vom
ersten Kiemenbogen um das fünf-bis sechsfache übertroffen,

während bei Salamandrina beide Theile sich an
Länge beinahe gleichkommen. Auch dies verweist
wieder auf eine höhere Stufe dieses Thieres!
Die eigenthümliche Ringbildung von Seite der Vorderhör-
ner bei Triton taeniatus und helveticus gibt die Abbildung. 99. VH.

I. Kiemenbogen-Paar.

Es besteht ganz aus Hyalinknorpel und ist durch Bindegewebe locker mit dem Zungenbeinkörper da verbunden, wo
er sich von der Ausbauchung an nach rückwärts stark verjüngt. Es zeigt nur ein (Ventral-) Segment, ist ziemlich derb
und lauft nach rückwärts auswärts in eine stumpfe Spitze
aus, an deren nach innen und oben schauenden Fläche der
zweite Kiemenbogen durch kurzes starkes Bindegewebe fast
untrennbar fest sich anpasst. Bei dem Landsalamander ist dieser Theil ebenfalls knorpelig und besteht auch nur aus einem
Segment, das sich zu dem gleichfalls knorpeligen zweiten
Kiemenbogen ganz auf dieselbe Weise verhält wie bei Sal. persp.

Dagegen fällt uns auch hier die Kleinheit des Zungenbeinkörpers im Verhältniss zu den Bögen auf, was wir bereits
bei den Tritonen kennen gelernt haben.

Der erste Kiemenbogen der letzteren Fig. 98. 99. besteht
aus zwei Segmenten, welche beide verknöchert sind
und sowohl untereinander, als mit der hier sehr langen Copula (Z. S) durch Knorpelscheiben verbunden sind. Eine
solche findet sich auch am hinteren freien Ende (d). Beide Seg-
mente schauen mit ihrer convexen Seite nach auswärts und
das hintere erzeugt in der Nähe seiner Articulation mit dem
vorderen, an der medianwärts schauenden Seite, bei T. cristatus einen starken Knochenvorsprung, an dem sich der
knorpelige zweite Kiemenbogen festsetzt. Bei den übrigen
Tritonen tritt dieser nur mit der medianwärts sich verjüngenden Knorpelscheibe zwischen beiden Kiemenbogen-Seg-
menten in Berührung.

II. Kiemenbogen-Paar.

Hierüber ist nicht viel zu sagen, da es seiner Grösse, knorpeligen Substanz und Lagebeziehungen nach, vollkommen mit allen den übrigen von mir untersuchten Urodelen übereinstimmt. Es ist mit der hinteren Copula in Gelenkverbindung. Dieser Verbindung am höchsten Theil des Zungenbeinkörpers wegen, kann zwischen dem hinteren und dem viel tiefer am Zungenbeinkörper selbst liegenden vorderen Kiemenbogen keine Spaltöffnung in der Horizontalebene, sondern in einer zu dieser schräg stehenden Richtung erzeugt werden, ein Umstand, dessen Wichtigkeit für die freie Bewegung der Retractores linguae auf der Hand liegt.

Endlich komme ich zum Os thyreoideum (Siebold) (Urohyal-Dugés), welches unter unsern Urodelen bekanntlich einzig und allein den beiden Arten des Landsalamanders zukommt. Dasselbe ist auch bei S. perspicillata in Form eines cylindrischen Knöchelchens vorhanden, liegt aber hier mit seinem grössten Durchmesser nicht quer, wie bei den angeführten Thieren (Fig. 95 EP.), sondern in der Längsaxe des Körpers. Es ist von solch minutiöser Feinheit, dass es mir erst nach zehnmonatlicher Beschäftigung mit dem Thier — und ich habe diese Region wohl Duzendemale daraufhin durchgemustert — aufstiess. Es liegt nach vorne von dem Aditus ad laryngem, und ist nur mit der allerstärksten Lupen-Vergrösserung zu finden, wobei man noch überdies das Gefühl, den der harte Gegenstand unter der Praeparir-Nadel erzeugt, mithelfen lassen muss.

Es ist diese Bildung bekanntlich auch noch bei andern Urodelen aufgefunden worden. In wiefern Sal. mac. und atra hierin von einander abweichen zeigt Fig. 95. 96.

Bei Figur 54. ist es nicht mitgezeichnet!

ALLGEMEINE BETRACHTUNG
des Schädels mit besonderer Berücksichtigung
DER

Regio ethmoidalis.

Ich habe schon anlässlich der Schilderung der Detail-Verhältnisse darauf hingewiesen, wie in dem Schädel von S. perspicillata verschiedene Factoren dazu beitragen, ihm in der Reihe der Amphibien eine Stellung anzuweisen, wie sie kein anderes Glied dieser Classe innehat.

Sie ist so einzig in ihrer Art, dass es sich wohl lohnt, die darauf bezüglichen Verhältnisse kurz noch einmal in übersichtlicher Weise zusammenzufassen.

Das Erste, was den übrigen Urodelen gegenüber in die Augen fällt, ist der beinahe völlige Schwund des Primordialschädels, ferner die erste Anlage eines Türkensattels, was an die Verhältnisse des Triton helveticus erinnert, wo wir an der Stelle der früher ausgestülpten Mundschleimhaut ebenfalls eine tiefe Grube getroffen haben. Dazu kommt ein starker Processus orbitalis (perpendicularis) des Stirnbeins, der die innere Wand der Augenhöhle wesentlich mitbilden hilft, und zugleich eine Art von Dach für dieselbe zu Stande bringt.

Die Betheiligung der Parietalia an der Constituirung der Augenhöhle durch absteigende Fortsätze, und endlich das *einmal* beobachtete Verhältniss zwischen Alisphenoid und Basilarbein. Vielleicht wäre auch noch hervorzuheben: der stark entwickelte Zungenbeinkörper mit den grossen in der Zunge eingebetteten Hörnern.

Das Wichtigste von allem scheint mir aber in den, in Vergleichung mit allen übrigen Urodelen

so merkwürdig gestalteten Vorder-Enden der
Stirnbeine zu liegen, und um dies gehörig würdigen zu können, muss ich etwas weiter ausholen
und auch die übrigen Wirbel-Thierclassen, wenn
auch nur in flüchtiger Weise, zur Betrachtung
heranziehen.

Was zunächst das Ethmoid der Fische anbelangt, so
ist es auf ein dem Vorderende des Keilbeins aufliegendes einfaches knöchernes Septum reducirt. Dieses lehnt sich nach
vorne auch noch an den Vomer an und ist nach oben an der
Mittelnaht der Stirnbeine befestigt. « Der hintere und der
vordere Rand sind frei ; jener ist scharf, dieser verdickt; es
stellt eine senkrechte, dicke, von den Seiten etwas compri-
mirte Knochenplatte dar. Diese theilt den vorderen Ausgang
der Schädelhöhle nur in den wenigen Fällen ab, wo diese,
wie bei den Welsen, ihre grösste Länge erreicht ». (Köstlin)
Derselbe Autor lässt sich über den Delphin folgendermassen
vernehmen: « bei den Delphinen bleibt nur eine quere,
den Schädel begrenzende Platte und die Scheidewand vom Siebbein übrig; bei Ornithorrhynchus dagegen tritt an die Stelle der Siebplatte ein paariges, grosses Loch und es bestehen nur die Muscheln und die
Scheidewand fort ».

Bei den Vögeln verhält es sich bekanntlich ganz ähnlich,
nur kommt es auch noch zu einem Schwund der Muscheln.
Die allein noch übrig bleibende Nasenscheidewand ist bei den
Vögeln identisch mit dem Septum interorbitale, während
sie bei den Fischen, wie oben bemerkt, in das Cavum nasale
zu liegen kommt. « Endlich verschwindet bei den
Reptilien auch die knöcherne Scheidewand, und
in dem knorpeligen Gerüste des Geruchsorgans
kommen nur selten Knochenpuncte vor, welche
an sie erinnern » (Köstlin).

Ehe ich nun aber auf die Reptilien, die ich in Beziehung auf ihre Regio ethmoidalis näher studirt habe,
specieller eingehe, werde ich versuchen, an der Hand des

Amphibienschädels zu zeigen, wie ein vollständiger Schwund eines in genetischer und morphologischer Hinsicht so hochwichtigen Theils, wie
des Siebbeins, ganz allmälig zu Stande kommt!
Dass das Ausfallen desselben den ganzen Schädeltypus sofort in allen seinen Theilen ändern wird, ist von vor-
neherein nicht zu erwarten, aber der ganze Grundplan ist
doch dadurch, wenn ich mich so ausdrücken darf, in seinen
Fundamenten erschüttert. Es liegt somit hier ein Fall
vor, der uns auf die reizendste Weise den ganz
allmäligen Stufengang vor Augen führt, welchen
die Natur in der Schaffung neuer Formen verfolgt, um endlich durch eine Cumulation derselben in diesem oder jenem Individuum eine
Brücke zu schlagen hinüber zu einem ganz neuen
Typus. Welche Factoren hierbei in Betracht kommen, wird
in vielen Fällen dahingestellt bleiben müssen, im vorliegen-
den Falle aber muss etwas auffallen, was ohne Zweifel mit
dieser Transformation der Vorderenden des Os frontale in
Zusammenhang steht, nemlich die bedeutendere Entfaltung der ganzen Pars nasalis überhaupt. Wir
sehen nemlich von Triton cristatus aufwärts bis zu T.
helveticus, wie oben bemerkt, zugleich auch das Cavum intermaxillare resp. die Processus nasales
und sagittales des Zwischenkiefers sich vergrössern und auseinanderrücken. Gleichzeitig tritt — und
man kann auch den Landsalamander noch zum Vergleich
heranziehen — eine Verkürzung der Frontalia mit allmäliger Abwärtskrümmung auf, die endlich in der Sal. perspicillata ihr Maximum erreicht. Alles dies muss wieder
von einem bestimmten Einfluss herzuleiten sein, und diesen bin ich geneigt, in der Zwischenkiefer-Drüse zu
suchen. Diese zeigt sich nemlich bei Sal. persp. im Verhältniss zu den Schädeldimensionen überhaupt, viel grösser,
als bei irgend einem einheimischen Triton, und es wäre vielleicht nicht unmöglich, dass ihre Hypertrophie für das Ein-

speicheln der harten Beute (fast ausschliesslich Coleopteren!)
von Nutzen war, und dass diese dann secundär auf alle
Theile ihrer Umgebung ihren Einfluss geltend machte. —
Es ist dies nur eine Hypothese, deren Werth ich dahin gestellt sein lassen muss.

Ich gebe nun eine Schilderung der knorpeligen P a r s e t h-
m o i d a l i s, wie sie s ä m m t l i c h e U r o d e l e n characterisirt. Als Repräsentanten wähle ich den gefleckten Landsalamander.

Die Stirnbeine laufen hier, wie schon oben bemerkt, sehr
weit i n d e r H o r i z o n t a l e b e n e nach vorne, ohne die geringste Neigung zu zeigen, sich nach abwärts zu krümmen;
deshalb muss zwischen ihnen, sowie dem Vorder-Ende des
Parasphenoids einer-und den beiden Hälften des Orbito-sphenoids andrerseits eine weite Oeffnung entstehen, durch welche das Cavum cranii gegen die Nasen-und Intermaxillar-
Höhle frei ausmündet. Dies wäre nun wirklich auch der Fall,
wenn sich der Aufbau dieser Schädel-Region nur auf Knochensubstanz beschränkte, was aber nicht der Fall ist. Vielmehr kommt ein complicirtes Gerüste aus Hyalinknorpel
hinzu, welches in Form eines mit zwei Löchern für den Olfactorius versehenen Deckels diese Oeffnung von vorneher
schliesst.

Dieser besteht aus einer dicken rundlichen Scheibe oder
Schale, welche nach dem C a v u m c r a n i i zu concav und
nach der Nasen-und Zwischenkiefer-Höhle hin convex ist. Figur 91. vor L c.

Sie hat ihre Lage in einer Quer-Linie, welche man sich
wenige Millimeter vor den Vorder-Enden des O r b i t o - s p h e-
n o i d s gezogen denkt und wird deshalb von den auslaufenden
zackigen Rändern der Stirnbeine und dem Fronto-lacrimale
nach vorne zu weit überragt. Von Anfang an machte ich auf
die an der Unterfläche der Frontalia befindliche convex nach
vorne und aussen und dann gegen die Medianlinie mit der
der andern Seite zusammenlaufende Kante aufmerksam, welche sowohl die Fische als die Batrachier besitzen.

An der Stelle nun, wo beide Kanten zusammen einen nach
vorne schauenden convexen Bogen beschreiben, und wo also
bei S. persp. die Hackenfortsätze ausgehen, liegt die obere
Circumferenz der Scheibe, die eine dem entsprechende Configuration besitzt, festgekittet und geht dann nach unten und
aussen, um im vordersten Winkel der Orbita angekommen,
in der schrägen Ebene des Orbito-sphenoids einen plattenartigen Fortsatz nach rückwärts zu schicken, welcher sich
fest mit letztgenanntem Knochen verlöthet. Auf diese Fort-
satzbildung, welche man am besten mit den im ganzen Umfang der Schale nach rückwärts steil aufsteigenden Rändern
derselben vergleichen kann, komme ich später anlässlich der
kritischen Beleuchtung des Os en ceinture (Cuvier) noch
einmal zurück.

Weiter nach abwärts hängen die Ränder der Schale am Vomero-palatinum und Vorder-Ende des Parasphenoids fest, und
liegen noch in ziemlicher Strecke, ganz ähnlich,
wie wir es beim Orbito-sphenoid gesehen haben,
in der Verlängerung der Ebenen dieser Knochen.

Von dieser Knorpelschale nun entspringen nach vorne zu
Fortsätze, und zwar ein paariger und ein unpaarer.
Dieser geht in der Horizontal-Ebene des Stirnbeins nach vorne
und kommt als dünne zungenförmige Knorpel-Lamelle zwischen die beiden Processus nasales des Zwischenkiefers zu
liegen, ohne übrigens die Oeffnung vollständig auszufüllen.
Der Rest wird von Bindegewebe eingenommen, was bei den
Tritonen allein das Dach des Intermaxillar-Raumes bildet, da hier die Knorpelzunge fehlt. Fig. 91. Z. Nach hinten
verbreitert er sich (c) und diese, bis zurück zur Knorpelscheibe reichende Strecke kann als Commissur aufgefasst werden, welche die beiden Knorpel-Blasen der Nasenhöhle (und das wären also die paarigen Fortsätze der Scheibe)
verbindet. Diese Abtheilung des Knorpelgerüstes ist aber
keine Lamelle wie der Fortsatz Z, sondern eine derbe
compacte Masse, welche hinabreicht bis auf das Dach
der Mundhöhle und somit nur als medianwärts gelegene ver-

dickte Partie der Knorpelscheibe aufzufassen ist. Von vorne
her ist sie ausgehöhlt und das Cavum intermaxillare resp.
die Drüse setzt sich in Form der punctirten Linien bei C.
Fig. 91. in sie hinein fort und findet so zugleich nach
hinten seinen Abschluss, wie es nach unten in
seiner hinteren Region ebenfalls einen knorpeligen Boden erhält.

Was nun das Knorpelgerüste der Nase betrifft, so besteht
dasselbe, wie schon oben angegeben, aus zwei vollkommenen Kapseln, welche den ganzen Nasenraum auskleiden, somit eine Duplicatur bilden, nach oben für das Os nasale,
nach aussen für das Os maxillare superius, nach vorne
und einwärts aufwärts für den Zwischenkiefer und nach
unten für das Vomero-palatinum. Ausser diesen Wänden
sind noch zwei zu nennen, welche keine Knochendecke über
sich haben; es ist dies die, das ganze Cavum intermaxillare
von aussen her begrenzende, senkrecht stehende mediale
Wand der Nasenkapsel. Sie liegt nicht ganz in der Sagittal-
Ebene, sondern weicht entsprechend den medianwärts schauenden Rändern der Vomero-palatina, die sich ganz wie bei
Triton ensatus Fig. 103. V. verhalten, und an welchen
die Knorpelplatte jederseits festgewachsen ist, in der Richtung von hinten und innen nach vorne und aussen davon
ab. Fig. 91. An ihrem vorderen Ende treiben sie einen horn-
artigen Fortsatz gegen das Os intermaxillare. Diese ganze
Lamelle vertritt also den Processus sagittalis des Nasen-Fort-
satzes vom Zwischenkiefer sowohl, als vom Stirnbein, ebenso
die leistenförmige Erhebung des Vomero-Palatins von S.
perspicillata.

Endlich ist noch zu nennen die nach rückwärts schauende
Wand der Kapsel. Diese bildet in Ermanglung
eines Orbital-Fortsatzes des Oberkiefers und
des Fronto-lacrimale die Vorderwand der Augenhöhle, wo sie sich als Knorpelbrücke vom Vomero-palatinum zum Oberkiefer hinüberspannt.
Sie ist von zwei Oeffnungen durchbohrt, nemlich von der

Choane (Ch.) und dem Ramus nasalis Trigemini.
Dieser Nerv zerfällt gleich nach seinem Eintritt in die Nasenhöhle, wie bei der italienischen Art, in zwei Zweige, wovon der eine, wie hier, den Oberkiefer durchbohrt, während
der andere bei allen übrigen Urodelen an der medialen Wand
der Nasenkapsel hinstreicht und dieselbe erst ganz vorne im
Winkel durchsetzt, um durch ein Loch an der Vorderfläche
des Os intermaxillare zur Oberlippe auszustrahlen. Er kreuzt
sich dabei mit dem Olfactorius und weicht nach dem Obigen,
wo wir ihn durch einen Schlitz zwischen Stirnbein und der
Crista des Vomero-palatins (Fig. 46 *) eintreten und dann
den ganzen Intermaxillar-Raum durchsetzen sahen, sehr bedeutend von S. perspicillata ab. Bei einem unserer deutschen
Tritonen (ich kann nicht mehr angeben bei welcher Art) sah
ich ihn den Zwischenkiefer-Raum überhaupt gar nicht betre-
ten; er brach hier an der Vorderwand der Nasenhöhle selbst
durch.

Die vierte Oeffnung in der Nasenkapsel ist die Eintritts-
stelle des Nerv. olfactorius, dessen Richtung in der
Figur 91. durch die Pfeile ausgedrückt wird. Das Dach der
Nasenkapseln ist auf dieser Abbildung mit der Scheere abgetragen, so dass man auf den Boden und die Choanen (Ch.)
sieht.

Es mag hier die Bemerkung ihren Platz finden, dass sich in
dem Nasenraum der S. perspicillata, den ich übrigens nur
flüchtig durchforschte, ausser dem Flimmer-Epithel und den
Nervenzweigen des Olfactorius und des Trigeminus auch
Drüsen finden, die sich in viele kleinere flaschenförmige und
eine grössere, aus Schläuchen bestehende sondern.
Letztere zeigt constant einen gelblichen Inhalt und liegt nach
rückwärts an der Circumferenz der Choane. Wohin ihr Ausführungsgang geht, vermag ich nicht anzugeben. Dass die
kleinere, flaschenförmige Art in eine Reihe zu stellen ist mit
denjenigen Drüsen, welche sich in der Nasenschleimhaut des
Frosches finden, kann keinem Zweifel unterliegen, während
man die grosse Drüse um die Choane, vielleicht in eine Reihe

stellen da f mit der von J. Müller entdeckten hinteren
Nasendrüse der Ophidier. Vor allem gilt es hierüber
genauere histologische Untersuchungen anzustellen.

Der Hauptunterschied zwischen dem Knorpel-Gerüst der
Regio ethmoidalis bei S. perspicillata und allen übrigen Urodelen ist ein negativer, insofern wir bei jener Art gerade denjenigen Theil vermissen, der das Cavum
cranii der letzteren nach vorne in Form einer
knorpeligen Lamina cribrosa abschliesst, ferner
ist dort die Intermaxillar-Höhle nicht einmal theilweise durch
Hyalinknorpel, sondern ganz durch Knochen begrenzt.
Vom ganzen Knorpelgerüste der Regio ethmoidalis von Salamandra maculata, oder wenn man
will, des Axolotls, hat sich beim italienischen
Salamander nichts mehr erhalten, als die Na-
sen-Kapseln, welche an der Circumferenz der
Olfactorius-Oeffnung entspringen und in Gestalt
von äusserst feinen Blasen den Nasenraum auskleiden. Sie besitzen glatte Wandungen, die nirgends un-
terbrochen sind, mit Ausnahme jener Stellen, wo die Nerven
ein-oder austreten.

Der einzige Unterschied, um dies noch anzuführen, zwischen
dem Nasengerüst des Landsalamanders und des Axolotls, beruht darin, dass derjenige Theil, den ich die Commissur
zwischen den beiden Nasenkapseln genannt habe, hier viel
massiger auftritt und der Regel nach gegen die Schnauze zu
keine Höhlung zeigt. Er läuft nach vorne in zwei seitliche
Fortsätze aus, statt in einen mittleren unpaaren, wie dort.
Doch dies sind alles nebensächliche Puncte und der Grundplan ist hier so gut, wie bei allen übrigen Urodelen derselbe.

Wie viele Anknüpfungspuncte sich auch für den Selachier-
Schädel ergeben, ist aus der schönen Arbeit Gegenbaur's
zu ersehen, doch würde mich ein näheres Eingehen zu weit
von dem mir vorgezeichneten Wege abführen.

Werfen wir nun einen kurzen Blick auf das Verhalten der
Regio ethmoidalis der

Ophidier *Fig. 92.*

so ist ja bekannt, dass ihr Scheitelbein sowohl, wie ihr Stirnbein aus einer horizontalen und verticalen (orbitalen) Lamelle
besteht. Diese liegt übrigens nicht vertical, obgleich so fast
überall zu lesen steht, sondern schräg von oben aussen nach
unten und einwärts zur Median-Ebene. Unten sitzt sie auf
dem Basilarbein auf, während sie nach oben mit der horizontalen Platte ein Ganzes ausmacht. Nach den Untersuchungen
Rathkes über die Entwicklung der Natter und der
Schildkröte ist zu schliessen, dass diese Orbital-Platte in
ihrem Ursprung zurückzuführen ist auf die « seitlichen Schä-
delbalken » und dass sie dem Orbitosphenoid entspricht,
welches sich erst secundär — Rathke betont dies ausdrücklich seinen früheren Angaben gegenüber, wonach das Orbito-
sphenoid immer weiter über die Hemisphären des Gehirns hi-
nüberwachsen würde, bis es sich endlich in der Mittelnaht
mit dem der andern Seite vereinigt — mit dem Os frontale,
also einem Deckknochen, in Verbindung setzt.

An dem Vorderende des Vereinigungspunctes der horizontalen Platten schicken diese in der Sagittal-Richtung
zwei Fortsätze herab gegen den spitzen Schnabel des
Basissphenoids, der sich in einen Ausschnitt zwischen ihnen
hinein erstreckt. Die genannten Fortsätze tragen eine nach
vorne schauende, wie umgekrempelt erscheinende flügelartige Bildung, welche sich beweglich mit dem Vomer vereinigt. Wir haben also hier ganz dasselbe Verhalten, wie bei
S. perspicillata, insofern eine eigene Lamina cribrosa fehlt und die Vorderenden der Frontalia
vicarirend eintreten. Letztere stehen zu den umgebenden Knochen im gleichen topographischen Verhältniss, und
dasselbe gilt für das Loch des Riechnerven. (OO).

Auch bei den Emydea, dem Alligator und Crocodil
beobachtet man ein analoges Verhalten, nur sind es hier die
Frontalia anteriora, welche die Hackenfortsätze nach un-

ten zum Vomer schicken. Sie bilden zugleich die Vorderwand der
Augenhöhle und die Rückseite des Cavum nasale. Beide Hälften nähern sich in der Mittellinie, bis nur noch eine schmale
Spalte zwischen ihnen übrig bleibt, die sich nach oben gegen
die schnabelartigen Fortsätze hin, zu einer unpaaren,
kreisrunden Oeffnung erweitert, durch welche der
Olfactorius tritt. Jene Fortsätze überragen weit, wie ein
Schirmdach, die Nische, welche durch sie selbst und die
früher genannten absteigenden Platten erzeugt wird.

Auch die Geckotiden besitzen diesen unpaaren Olfacto-
rius-Canal, doch lassen sich die hier in Betracht kommenden
Verhältnisse nicht auf die Salamandrina anwenden. Dagegen ergeben sich wieder Anknüpfungspuncte bei Lacerta.

BEMERKUNGEN
über die Bedeutung
DES
Os en ceinture (CUVIER).

Angeregt durch dieses in der Amphibien-Welt einzig da-
stehende Verhalten der Regio ethmoidalis von S. perspicillata, richtete ich meine Aufmerksamkeit auch ganz besonders auf die Anuren, wo das von Cuvier sogenannte
Gürtelbein ein Schaltstück vorstellt, das zwischen die eigentliche Schädelkapsel und die Nasen-Region eingeschoben
ist. Fig. 93. Oec.

Es existirt wohl kaum ein anderer Schädeltheil, der so
verschiedene und zum Theil sich geradezu widersprechende
Deutungen erfahren hat, denn mit dem Namen: Os en
ceinture war nichts weniger als eine Erklärung gegeben.

Köstlin (l. c.) betrachtet das Orbitosphenoid der
Salamander und Tritonen als einen Theil des Gürtelbeins,
und stützt diese Meinung auf die Beobachtung, dass er bei

Axolotes und Menobranchus zwischen « jener senkrechten Fläche (sc. Orbitosphenoid) und der horizontalen,
allgemein zugestandenen Fläche des Stirnbeins den unmittelbaren Zusammenhang » erkannte. Er vermuthet, dass diese
Verbindung auch bei den andern Urodelen nachgewiesen
werden könnte. « Das Stirnbein würde dann hier, wie bei
den Schlangen, aus einem horizontalen und senkrechten Theil bestehen. Die Aehnlichkeit eines solchen Stirnbeins
mit dem Os en ceinture springt in die Augen. Jedenfalls
müsste dann nachgewiesen werden, dass die Stirnbeine auch
in der Mittellinie auf dem Keilbein von beiden Seiten zusammenstossen ». Köstlin hält jedoch — und dies ist auch
die nothwendige Consequenz aus der obigen Auffassung —
das Os en ceinture keineswegs für ein Analogon des Os ethmoideum, sondern er sagt: « übrigens ist es wohl auch
ohnedies richtiger, das Os en ceinture für ein Stirnbein zu halten, als die Scheitelbeine der Frösche
für das Resultat einer sehr frühen Verschmelzung der Scheitelbeine mit den Stirnbeinen zu
erklären! » Letztere Annahme scheint mir durchaus nicht
haltbar, denn alle, seit Cuviers Zeit über diesen Punct
angestellten, embryologischen Untersuchungen haben bewiesen,
dass der Name Fronto-parietale aus genetischen Gründen seine vollkommene Berechtigung hat und Köstlin
käme nun dadurch in die missliche Lage zwei Paare von
Stirnbeinen annehmen zu müssen, wogegen der ganze
Organisationsplan spricht.

Auch die Ansicht Rathkes und Gegenbaur's, welche
diesen Knochen « am ehesten mit einem Orbito-
sphenoid verglichen » wissen wollen, ist, wie ich annehmen zu dürfen glaube, nicht haltbar, oder jedenfalls
nicht ausreichend, denn es wäre damit doch nur derjenige Theil des Knochenringes erklärt, welcher die laterale
Begrenzung des Schädels mitbilden hilft, und der nach der
Auffassung Köstlin's als Lamina papyracea figuriren
würde!

Huxley erblickt in der Scheidewand des Gürtelbeins das Siebbein, in den vorderen Hälften desselben die Präfrontalia oder Theile derselben und in der hinteren Hälfte, wie Rathke und Gegenbaur, die Orbito-sphenoidea anderer Wirbelthiere. Damit ist immer noch die Hauptmasse des Knochens in seiner ventralen und dorsalen Platte nicht erklärt und was den Vergleich mit den kleinen Keilbeinflügeln anbelangt, so kann doch jene Korpellamelle, welche sich bei den Anuren zwischen Parieto-frontale einer-und dem Alisphenoid, sowie dem Gürtelbein andrerseits ausspannt und dadurch die grössere (hintere) Hälfte der inneren Orbitalwand bildet, nicht einfach übersprungen werden. Es sprechen vielmehr alle Gründe dafür, dieselbe als nicht verknöchertes Orbito-sphenoid aufzufassen, wobei ich nur an die topographischen Beziehungen und die Lage des Foramen opticum erinnern will. Gerade letzterer Punct scheint mir von besonderem Belang, denn die Nerven werden bekanntlich immer mit Recht herbeigezogen, wenn es sich um den morphologischen Werth eines Skelet-Stückes handelt.

Dazu kommt aber noch, was sehr schwer in's Gewicht fällt und worauf auch Hoffmann (l. c.) mit vollem Recht aufmerksam macht, dass, wenn das Os en ceinture mit dem Orbito-sphenoid sollte verglichen werden können, der Ossificationsprocess vom Foramen opticum hätte ausgehen müssen, während wir gerade das Gegentheil beobachten, indem hier die Verknöcherung vom Foramen pro nervo nasali Trigemini ausgeht, was sich an jungen Froschlarven sehr deutlich beobachten lässt und worauf auch schon Ant. Dugès (Recherches sur l'ostéologie et myologie des Batraciens) hingewiesen hat. Somit wäre man durch die Ansicht Huxleys und Gegenbaur's gezwungen, wie dies nach der Köstlin'schen Auffassung mit den Ossa frontalia der Fall war, zwei Paare der Orbitosphenoidea anzunehmen, und das geht doch wohl nicht an!

Um aber alle Zweifel schwinden zu machen, erinnere ich

an C o e c i l i a a n n u l., wo bekanntlich ebenfalls ein knöchernes Ethmoid vorliegt, welches durch einen Zwischenknorpel
m i t d e m e b e n f a l l s k n ö c h e r n e n O r b i t o - s p h e n o i d
v e r b u n d e n i s t.

Ich glaube nun, an der Hand des Schädels der Urodelen den
Nachweis führen zu können, dass das O s e n c e i n t u r e weder
mit dem S t i r n b e i n, noch mit dem O r b i t o - s p h e n o i d
in eine Parallele gestellt werden darf, s o n d e r n d a s s e s
a l s e i n e B i l d u n g g a n z e i g e n e r A r t u n d z w a r i m
S i n n e i n e s E t h m o i d e um a u f g e f a s s t w e r d e n m u s s,
wie dies auch von M e c k e l und D u g è s geschehen ist. Jedoch hat keiner von diesen beiden Forschern die geschwänzten Batrachier zu einem Vergleich herbeigezogen und die
Beweisführung musste deshalb rein negativer Natur bleiben.
Gleichwohl war Dugès ganz auf dem richtigen Wege, wenn
er sagt: « Il faut aussi rattacher à l'éthmoide t o u t e l a
p o r t i o n c a r t i l a g i n e u s e située au d e v a n t d e l'os
e n c e i n t u r e, et qui lui est unie par continuité de substance,
de telle sorte que, par les progrès de l'âge, elle finit par
être envahie d a n s l'e x t e n s i o n s u c c e s s i v e d e l'o ss i f i c a t i o n c h e z B. f u s c u s ».

Studirt man die R e g i o n a s a l i s junger Frösche zu einer
Zeit, wo der Ossifications-Process noch nicht weit fortgeschritten ist, so bemerkt man, dass diejenige Stelle am Schädel,
welche dem späteren Os en ceinture entspricht, am längsten ihre hyalin-knorpelige Natur beibehält. Legt man daneben das knorpelige Nasengerüste der Larve einer S a l am a n d r a m a c u l a t a, so findet man zwischen beiden Thieren nur einen sehr geringen Unterschied, was seinen Grund
darin hat, dass derjenige Abschnitt des Gerüstes, den ich
oben als S c h e i b e oder S c h a l e bezeichnet habe, bei dem
jungen Thier eine relativ viel grössere Tiefe besitzt u n d s o
i n F o r m e i n e s r i n g s g e s c h l o s s e n e n u n d n a c h
h i n t e n o f f e n e n K n o r p e l - B e c h e r s d i e g e s a m m t e
S c h ä d e l k a p s e l n a c h v o r n e z u n o c h e i n e S t r e c k e
w e i t v e r l ä n g e r t. W i r h a b e n s o m i t a u c h b e i d e n

Urodelen, wenn auch nur deutlich im Larvenzustand, die beste Ausprägung eines Gürtelbeins
oder besser: eines Gürtelknorpels, und hier, wie
dort setzt sich derselbe nach vorne zu in die
Nasen-und Zwischenkieferhöhle fort, so dass wir
ihn füglich als Körper und die Nasenkapseln als
seine Appendiculär-Organe bezeichnen können.

Für die Untersuchung dieser Verhältnisse eignen sich namentlich gut junge Exemplare des Geotriton. Mit der
fortlaufenden Entwicklung beginnen nun die Stirnbeine und
die Orbitosphenoide mächtig nach vorne zu wuchern, wodurch das ganze Knorpelgerüste, mit Ausnahme der die Intermaxillar-Höhle bedeckenden Zunge, förmlich überwachsen
wird. Zugleich verkürzen sich die Seitenwände des Bechers
und verwandeln ihn in eine Schale mit niedrigen Rändern,
Fig. 91. vor Lc. ohne dass es je zu einer Ablagerung von
Kalksalzen gekommen wäre.

Im Gegensatz dazu bleiben die entsprechenden Gebilde bei
den Anuren grösstentheils frei an der Schädel-Oberfläche liegen und verfallen einem Ossifications-Process, der,
wie oben bemerkt; von der, anfangs nur im Knorpel liegenden, Oeffnung für den Nasenast des Quintus ausgeht.
Die Fronto-parietalia erwecken dabei den Eindruck, als wären sie im Laufe nach vorwärts stehen geblieben, oder als
hätte man sie gewaltsam nach rückwärts gezogen, um die
Theile der Regio ethmoidalis an die Oberfläche treten zu lassen.

Dugès hat den Urodelen in Beziehung auf diesen Punct
viel zu wenig Aufmerksamkeit geschenkt, sonst hätte ihm
diese wichtige Thatsache nicht entgehen können. Alles was
er sagt, ist folgendes: « L'éthmoide est içi double, non pas
membraneux, comme le dit Cuvier, mais cartilagineux, et,
à la vérité, fort mince. Il est formé d'une lame bien
distincte de la membrane pituitaire, qui la double partout; cette lame revêt exactement la
paroi de la fosse nasale sans y former de repli
notable ».

Histologische Bemerkungen über die Schädelknochen.

Wie überall in der Classe der Amphibien, so kann man auch hier nicht von eigentlichen Havers'schen Canälen sprechen, dagegen sieht man einzig schön entwickelte Knochenkörperchen, die ich, ganz wie es Leydig (Lehrbuch der Histologie) vom Landsalamander beschrieben hat, an zahlreichen Stellen, namentlich an der Innenfläche der Kopfknochen frei sich öffnen sehe. Ferner sind zu erwähnen die ausserordentlich langen Strahlen der Knochenkörperchen und der deutlich in ihnen sich abhebende Kern; beides sehe ich namentlich schön am Os intermaxillare.

Am Basilar-Bein und an verschiedenen andern Puncten, namentlich an den Deckknochen, findet sich eine deutliche lamellöse Schichtung in concentrischer Anordnung.

───────

Ich komme nun zur Schilderung des Schädels von Geotriton fuscus, der zweiten italienischen Art, die ich näher studirt habe. Diese weicht hierin so bedeutend von allen übrigen mir bekannten Salamandrinen ab, dass es sich schon der Mühe lohnt, ihr ein eigenes Capitel zu widmen.

Schädel des Geotriton fuscus *Fig. 88. 90.*

Besass der Brillensalamander ausserordentlich derbe Schädelknochen, welche dadurch am meisten an den Triton cristatus erinnerten, so begegnen wir hier einem zarten Habitus, wodurch sich der Schädel viel mehr dem des Landsalamanders nähert. Diesem steht er auch durch die glatte Aussenfläche aller seiner Theile viel näher, wie er auch eines postfrontalen Fortsatzes und dadurch eines Tympano-Frontal-Bogens gänzlich entbehrt.

Dagegen harmoniren die beiden Italiener darin miteinander, dass ihr grösster Breiten-Durchmesser, wie oben bemerkt, durch die weiteste Excursion der Jochbögen geht, und dass sich die vordere Partie des Kopfes durch einen massigen Charakter auszeichnet. — Die Jochbögen gehen bis zur Mitte der Orbita nach hinten und enden hier scharf zugespitzt wie bei den Tritonen. Der zwischen beiden Augenhöhlen liegende mittlere Schädel-Abschnitt ist schmal, stellt aber keinen so gleichmässigen Cylinder dar, wie bei Trit. cristatus und unsern beiden Landsalamandern, sondern verbreitert sich gegen die Regio occipitalis hin, welche (worauf ich schon früher aufmerksam gemacht habe) gegenüber der mächtigen Regio nasalis nur dürftig, aber mit deutlich vorspringenden halbcirkelförmigen Bögen, entwickelt ist.

Der ganze Schädel stellt, von oben betrachtet, ein fast vollkommen regelmässiges Oval dar, das nur an der hinteren Peripherie eine kleine Abstutzung erfährt. Der Uebergang der vordersten Partie der Schädeloberfläche auf die Schnauze, geschieht unter jähem Absturz und die aufsteigenden Fortsätze des zarten Zwischenkiefers umgrenzen an der Schädeloberfläche fast die ganze Circumferenz der Intermaxillar-Oeffnung (Oe) und stossen nach rückwärts an's Stirnbein.

Sie besitzen so wenig als der Axolotl und der Landsalamander senkrecht absteigende Fortsätze zur seitlichen Begrenzung der Zwischenkieferhöhle, denn es existirt ja hier ganz dasselbe Knorpelgerüste, wie bei Salamandra maculata und allen übrigen Urodelen überhaupt, Fig. 90. NC. jedoch tritt in diesem Fall eine Verlängerung der knorpeligen Nasenkapsel ein nach rückwärts zum Oberkiefer, welcher dadurch eine fast bis zu seinem Hinterende reichende knorpelige Grundlage erhält, wie wir es bei den Anuren beobachten. (M) Unmittelbar am Vorder-Rande des knöchernen Orbito-sphenoids sieht man bei R. die Oeffnung für den Nasen-Ast des Trigeminus, während in der Richtung des Pfeiles der Olfactorius austritt.

Das Stirnbein ist eine schwach gewölbte zarte Knochenlamelle, die sich nach vorne flügelartig verbreitert und hier
nach aussen an den Oberkiefer, nach vorne an das Nasale
und den Zwischenkiefer stösst. Es erstreckt sich dabei über den Raum hin, wo bei den übrigen Salamandrinen
das Frontale anterius (Fronto-lacrimale) liegt. Dieses ist
bei Geotriton als eigener abgegliederter Theil
nicht vorhanden, wodurch sich dieses Thier an
gewisse Perennibranchiaten und Derotremen
z. B. Menobranchus, Amphiuma, Proteus und Siren
anschliesst! Der äussere Rand umzieht innen und theilweise vorne, die Orbita, ohne die geringste Spur
von senkrecht absteigenden Fortsätzen zu entwickeln.

Ebensowenig zeigt sein Vorderrand Neigung sich in die In-
termaxillar-Grube hinabzukrümmen. In der Medianlinie stösst
es durch eine gezähnte Naht mit dem der andern Seite zusammen, während es nach rückwärts an die Parietalia,
und nach abwärts an das Orbitosphenoid grenzt ([1]).

Da der Oberkiefer ebenfalls keinen Processus orbitalis
entwickelt, ist die Augenhöhle nach vorne zu nicht durch
Knochen, sondern durch die Rückwand der knorpeligen Nasenkapsel geschlossen.

Die Parietalia stossen nach rückwärts, wie bei den
verwandten Arten, an den inneren (vorderen) Bogengang und
verhalten sich sonst ganz wie bei Salamandra, während
die Occipitalia eine breitere Pars superior zur
oberen Circumferenz des Foramen magnum emporsenden, als
wir dies von den andern Urodelen gewöhnt sind. Die Condylen sind breit und kurz abgesetzt, und die Pars petrosa ist
mit den Occipitalia lateralia verwachsen; die Fenestra
ovalis sitzt auf einer mässig starken Prominenz auf der
Unterfläche derselben. Fig. 90. Fo.

([1]) Anmerk. Eine besondere Bezeichnung der einzelnen Knochen auf Figur
88. habe ich nicht für nöthig erachtet, da sich ihre Deutung aus Fig. 39. und
89. ergiebt.

Das Kiefersuspensorium zeigt einen sehr niedrigen Entwicklungsgrad, wie wir ihn nur bei den zwei niedrigsten Ordnungen der Urodelen wieder treffen! ·

Das **Tympanicum** wird durch eine äusserst zarte, schwach gehöhlte Knochenlamelle (T) von länglicht ovaler Form vorgestellt, an welche sich das, an dem freien Ende mit einer sattelförmigen Gelenkfläche für den Unterkiefer versehene **Quadrato-jugale** von unten her innig anschliesst. Dieses besitzt eine sanduhrförmige Gestalt und besteht nach aussen hin aus Knochensubstanz, (E und Q) nach einwärts aber ruht es auf einem breiten hyalinknorpeligen Sockel, der sich an der Unterfläche des Petrosum zu einer Platte ausdehnt, die nach rückwärts einen Fortsatz ausschickt, der an seiner inneren Kante mit der Pars petrosa einen Canal begrenzt, durch welchen ein Blutgefäss in die Schädelhöhle tritt. Nach vorne und aussen zieht sich die Knorpelplatte ebenfalls zu einem langen stachelförmigen Fortsatz aus, der seine Richtung gegen das Hinter-Ende der Oberkieferspange nimmt, (Pt) und als Processus pterygoideus anzusprechen ist.

Nach vorne und einwärts von der Basis des Flügelfortsatzes läuft der Knorpel als schmale Brücke weiter und breitet sich im hinteren und inneren Winkel der Augenhöhle aus zum Alisphenoid (Am). Letzteres grenzt nach vorne an das, zur Median-Ebene sehr schräg stehende, gut verknöcherte Orbitosphenoid. Ali-und Orbitosphenoid zusammen betheiligen sich an der Stelle ihres Zusammenstosses an der Bildung des Foramen opticum (F. op.) während sich an der hinteren Circumferenz des ersteren die Oeffnung für den Trigeminus (t) findet.

Schöner als hier können der Processus pterygoideus und das Alisphenoid in ihrer Zusammengehörigkeit kaum irgendwo anders demonstrirt werden!

Es sei hier noch des, mit dem Quadrato-jugale sich
verbindenden grossen Zungenbeinhornes (II K d) Erwähnung
gethan; dasselbe erscheint auf der Abbildung 90. nach rückwärts gelegt und abgeschnitten. Es soll später bei dem Mechanismus des Zungenbein-Apparates ausführlich zur Sprache
kommen.

Weder der Oberkiefer noch das Intermaxillare schicken
Gaumenfortsätze zum Dach der Mundhöhle ab, welches von
der flügelartigen, bis zu den Alveolar-Fortsätzen der genannten Knochen reichenden Ausbreitung der Pflugschar in der
Regio nasalis allein gebildet wird (V). An ihrem medialen
Rande zeigt sich diese bogig ausgeschnitten und erzeugt dadurch mit der andern Hälfte eine gestreckt leyerförmige
Oeffnung, welche von vorne her durch die dürftige Alveolar-
Spange des Intermaxillare und nach rückwärts durch die in
der Mittellinie sich vereinigenden Vomera beider Seiten begrenzt wird. (Oe) Die Schleimhaut der Mundhöhle spannt
sich über sie hinweg, wobei sie von den Ausführungsgängen
der Glandula intermaxillaris durchsetzt wird. Letztere beschränkt sich nicht, wie bei allen andern Salamandrinen, auf das Cavum intermaxillare, sondern überschreitet dasselbe nach vorne und kommt mit
einer grossen Menge ihrer Schläuche unmittelbar unter die Haut der Schnauzenspitze zu lie-
gen, was zur Folge hat, dass diese, wie schon früher bemerkt,
das charakteristische geschwollene Aussehen erreicht.

Geotriton gehört zu den seltenen Arten der Urodelen,
welche getrennte Vomera und Palatina besitzen,
welche Eigenthümlichkeit von Hoffmann den Anuren
allein zugesprochen wird. Ich will dies hiemit berichtigen
und zugleich hinzufügen, dass mir dasselbe Verhalten ausserdem noch von folgenden Arten bekannt ist:

Plethodon glutinosus (Nord-America).
Pectoglossa persimilis (Siam).
Triton ensatus (Californien) Fig. 103.

und wahrscheinlich verhält sich hierin der Spelerpes cephalicus, osculus und lineolus (Mexico) ganz auf dieselbe Weise.

Ueberdies weichen diese Arten durch die Stellung der Palatina von den übrigen Salamandrinen insofern ab, als sie nicht auf dem Parasphenoid gestreckt oder in bogiger Schwingung nach rückwärts, sondern, wie an dem Hinterende des Vomers abgeknickt, unter sanfter, mit der Concavität nach rückwärts schauender Krümmung, quer nach aussen laufen, ohne jedoch den Oberkiefer mit ihrem verjüngten Ende ganz zu erreichen.

Am hinteren Rand ihrer Unterfläche sind sie mit Zähnen bewaffnet, und mit ihrer oberen Seite haften sie fest an der, wie oben bemerkt, frei in die Orbita schauenden, knorpeligen Nasenkapsel; (P) zugleich übernehmen sie die Rolle des knorpeligen Bändchens,welches sich bei der Salamandrina über die Incisur am äusseren Rand des Vomero-palatins zur Bildung der Choane (Ch) herüberspannt.

Ich komme nun endlich zur Schilderung des Parasphenoids, (Bs) welches auf seiner der Schädelhöhle zugekehrten Fläche eine in der Längsrichtung verlaufende seichte Höhlung zeigt, ähnlich wie wir sie auch bei Salamandra trafen. Gegen vorne verjüngt sich die Knochenlamelle sehr stark und lauft endlich unterhalb des Zusammenstosses der beiden Vomera in eine unregelmässig gezackte Spitze aus, welche mit dem Ethmoidal-Knorpel zusammenhängt. Die Verbreiterung des Knochens liegt in einer Horizontal-Ebene mit der Basis des Pterygoids, also viel weiter nach rückwärts, als bei S. perspicillata. Dazu kommt, dass sie nicht allmälig in Form einer leichten Ausbauchung erfolgt, wie hier, sondern mehr auf einmal unter Bildung zweier seitlicher stumpfer Fortsätze. Die Unterfläche ist schwach convex und trägt auf ihrer hinteren Hälfte zwei länglicht-ovale oder besser, keulenförmige Platten, die mit starken, nach rückwärts gekrümmten Zähnen über und über besät sind. (S)

Haben dieselben gleich von Anfang an mein Interesse im
allerhöchsten Grade in Anspruch genommen, so wurde das-
selbe noch gesteigert durch die jüngst erschienene schöne
Arbeit Oscar Hertwig's. (Arch. f. m. A. 11 Bd). Von dem
Satze ausgehend: « aus verschmolzenen Sphenoidal-
Zähnen ist das unpaare Parasphenoideum der
Mundhöhle herzuleiten », stützt er sich hauptsächlich
auf die amerikanische Art: Plethodon glutinosus, die
er aber nicht selbst zu untersuchen Gelegenheit hatte.
Nach der Abbildung Cuviers erscheint bei diesem Thier
die ganze untere Fläche mit Ausnahme der Spitze mit
Zähnen dicht besät, und Hertwig knüpft daran folgende
Bemerkung: « Diese Fälle von vollständiger Bedeckung eines
Knochens mit Zähnen sind deshalb von so besonderem Interesse, weil sie uns Verhältnisse bei den Amphibien erhalten
zeigen, welche sonst nur bei den Knochenfischen, aber hier
in weiter Verbreitung und oft auf allen Knochen der Mundhöhle sich vorfinden ».

Wie sich nun diese Sphenoidal-Zähne bei Plethodon zu
ihrer Unterlage verhalten, ob sie also in der Substanz
des Parasphenoids selbst eingebettet liegen, darüber
gibt H. keine nähere Notizen, jedoch scheint er entschieden
von dieser Annahme ausgegangen zu sein, denn sonst wäre
er wohl nicht berechtigt gewesen, den oben angeführten Satz
über den genetischen Zusammenhang zwischen Zahn und
Knochen aufzustellen. Wie sich nun auch die Sache verhalten mag, bei Geotriton sind diese Verhältnisse von wesentlich verschiedenem Gesichtspunct aus aufzufassen, denn
hier haben die hechelartig angeordneten Zähne
mit dem Körper des Parasphenoids nichts zu
schaffen, sondern liegen ja, wie oben angegeben, auf besonderen Platten an der Unterfläche
dieses Knochens. Diese bestehen aus poröser Knochensubstanz, Fig. 140. OO. und jeder einzelne Zahn ruht in einer
tiefen Nische, welche ringsum von einer Art von Wall umzogen wird. An der ganzen Circumferenz sind sie von der

Schleimhaut des Mundes umgeben, welche auch fast ganz allein ihr Fixations-Mittel abgibt. Ist diese abgelöst, so genügt eine schwache Berührung, um ihre mässig gehöhlte obere Fläche vom Parasphenoid zu trennen, und man wird schon daraus den lockeren Zusammenhang zwischen beiden genügend zu würdigen verstehen.

Um aber vollends den striktesten Beweis dafür zu führen, dass sich hier zwischen Parasphenoid und den Sphenoidal-Zähnen keine Beziehungen im Sinne Hertwigs nachweisen lassen, sei noch erwähnt, dass sich bei ganz jungen Exemplaren die Verhältnisse folgendermassen gestalten. Wir haben gesehen, dass sich bei erwachsenen Thieren die zahntragenden Lamellen in paariger Anordnung auf die hintere Hälfte des Parasphenoids beschränken, was in früheren Stadien nicht der Fall ist, denn hier findet sich nur eine zahntragende Platte von birnförmiger Gestalt, die sich mit ihrer Spitze beinahe bis zu den Gaumenbeinen vorschiebt. Sie erweckt dadurch ungefähr den Eindruck der Abbildung von Plethodon, und weist somit auf eine niedrigere Stufe der Entwicklung hin, wie wir sie bei gewissen Fischen (Selachiern) als persistirend antreffen, worauf auch Hertwig mit vollem Rechte aufmerksam macht. Nun könnte man vielleicht erwarten, dass sich im Iugendzustand die Verhältnisse zwischen Parasphenoid und den Zähnen anders gestalten, dass sie vielleicht eine Masse ausmachten und die Bildung des Parasphenoids aus dem Zusammenflusse « nicht resorbirter Zahntheile » vor sich ginge.

Von alledem ist aber nichts zu bemerken, und das Parasphenoid ruht in vollkommen fertigem Zustand über der auch hier sehr leicht abhebbaren Zahnplatte, als eine eigene, für sich bestehende Bildungsmasse. Verfolgt man nun diese Verhältnisse durch die verschiedenen Altersstufen hindurch bis zum ausgewachsenen Individuum, so sieht man, wie von vorne her eine sehr allmälig fortschreitende Resorption erfolgt, welche zuletzt auch in der Median-Ebene Platz greift, wodurch

8

endlich eine Spaltung in zwei symmetrische Seitenhälften
zu Stande kommt.

Dem Resorptionsprocess verfallen nicht nur
die Zähne selbst, sondern auch die dieselben zu-
sammenhaltende poröse Kitt-Substanz, so dass
also hievon keine Spur als Baumaterial für das
Parasphenoid verwendet wird!

Somit kämen wir zu dem Resultat, dass wir im Vorlie-
genden keine Stütze für die von Hertwig postulirte Ge-
nese des Parasphenoids finden können, wenn ich auch nicht
in Abrede ziehen will, dass sich die Sache bei Plethodon
glutinosus anders gestalten kann. Gleichwohl bin
ich zu letzterer Annahme nicht sehr geneigt, da auch die
Verhältnisse von Siren lacertina, welches Thier H. ebenfalls nicht zur histologischen Bearbeitung zu Gebot stand,
mit Geotriton übereinzustimmen scheinen.

Endlich haben wir noch bei der Salamandra attenuata accurat dieselben Verhältnisse wie bei Geotriton!
Rathke (l. c.) spricht von Sphenoidal-Zähnen, « die
auf einer ovalen, dünnen, etwas porösen, ziemlich brüchigen und dem in Untersuchung stehenden Thiere ganz eigenthümlichen Knochenplatte
befestigt sind, welche Platte die ganze untere
Seite des Keilbeinkörpers, dem sie angeheftet
ist, und mit dem sie auch in Form und Grösse
übereinstimmt, bedeckt. Die Zahl der Zähne beläuft sich
auf circa 200 ». Im Uebrigen that dies der Auffassung Hertwigs, dass die Deckknochen « durch Ansammlung nicht resorbirter Zahntheile » entstehen können, keinen Eintrag,
im Gegentheil, denn es lassen sich wohl kaum irgendwo
anders die angenagten Resorptions-Ränder so schön
nachweisen, als an den in Frage stehenden Zahnplatten,
deren poröse Grundsubstanz ich ganz im Sinne Hertwigs
als die verbundenen Cementtheile der Zähne aufzufassen geneigt bin.

Es wirft sich nun aber die schwierige Frage auf: wie sollen diese Knochenplatten gedeutet werden, da sie zum Parasphenoid genetisch nicht in Beziehung stehen? Ich muss darüber die Antwort vorderhand schuldig bleiben, hoffe aber durch das Studium der Entwicklungsgeschichte dieses interessanten Thieres Licht in die Sache bringen zu können, und will für jetzt nur noch hinzufügen, dass sie aus der Schleimhaut des Mundes ihre Entstehung nehmen, worüber übrigens a priori kein Zweifel obwalten kann. (Die Zahl der auf jeder Platte stehenden Zähne schwankt zwischen 70-80).

Maxilla inferior.

Hierüber ist den übrigen Salamandrinen gegenüber wenig zu sagen. Der Unterkiefer componirt sich hier, wie allerwärts, aus den bekannten drei Stücken, und besitzt statt eines Canales zur Aufnahme des Meckel'schen Knorpels nur eine medianwärts offene Rinne. Die Zähne sind zweispitzig und stehen hier sowohl, als am Ober-und Zwischenkiefer einreihig.

Ueber den Zungenbein-Apparat handle ich am Schlusse dieser Arbeit.

COLUMNA VERTEBRALIS DER S. PERSPICILLATA
mit Vergleichung der verwandten Arten.

An 23. Exemplaren nahm ich eine Zählung der Wirbel von Salamandrina vor und fand, dass die Gesammtzahl zwischen 47. und 57. schwankt, was mit der individuellen Entwicklung und wohl auch mit dem Alter zusammenhängen mag. So lese ich in Schreiber's Herpetologia, dass auch bei sehr grossen Exemplaren des gefleckten Landsalamanders eine Vermehrung der Wirbel getroffen werde, und ich kann als weiteren Beleg beibringen, dass ich auch bei Triton helveticus Schwankungen in der Wirbelzahl

beobachtet habe und ich zweifle nicht, dass sich dies bei
näherer Prüfung für alle Urodelen als etwas sehr Gewöhnli-
ches herausstellen wird. Wie allenthalben unter den geschwänzten Batrachiern, so kann man auch hier einen Hals
– Rumpf - Sacral - und Caudal – Theil an der Wirbelsäule
unterscheiden, und ich lasse, um spätere Wiederholungen zu
vermeiden, eine Zusammenstellung der hierauf bezüglichen
Zahlenverhältnisse bei den verschiedenen, von mir untersuchten Urodelen folgen:

	Hals- Wirbel	Stamm- Wirbel	Sacral- Wirbel	Caudal- Wirbel	Summe	Rippen- paare	Caudal- Rippen
Salam. perspic.	1.	13.	1.	32-42.	47-57.	16.	2.
Triton cristat.	1.	15.	1.	36.	53.	16.	0
Triton taeniat.	1.	14.	1.	?	?	14.	0
Triton helvet.	1.	12.	1.	23-25.	37-39.	13.	0
Geotrit. fuscus	1.	14.	1.	23.	39.	12.	0
Siredon piscif.	1.	14.	1.	?	?	?	?

Allgemeine Bemerkungen über die Wirbelsäule.

Im Grossen und Ganzen kann man die einzelnen Wirbel
mit kurzen, cylindrischen Röhren vergleichen, die entlang der
ganzen R u m p f g e g e n d in der Richtung von oben nach
unten abgeplattet sind, während dasselbe in der C a u d a l -
R e g i o n in transverseller Richtung der Fall ist; die letzten
Schwanzwirbel zeigen sich mehr walzrund. Fig. 25.
Alle besitzen einen gedrungenen derben Habitus und sind
durchweg starkknochig, so dass sie darin im Verhältniss zur
Körpergrösse selbst den Trit. cristatus übertreffen, der sich
unter unsern deutschen Tritonen überhaupt des stärksten
Knochensystems erfreut.

Entsprechend dem gracilen Körperbau im Allgemeinen sind
auch die einzelnen Wirbel äusserst zierlich, und gegenüber
den mächtigen Wirbeln von Salamandra maculata geradezu von verschwindender Kleinheit.

Die Vorderfläche trägt einen knopfförmig vorspringenden
überknorpelten Gelenkkopf, der in eine entsprechende, ebenfalls mit Knorpel ausgekleidete Gelenkpfanne an der Hinter-
seite des nächst vorderen Wirbels hineinpasst. Jeder Wirbel,
mit Ausnahme des letzten Schwanzwirbels, trägt zwei Paare
überknorpelter Gelenkfortsätze, die in ihrem Verhalten
mit dem der übrigen Batrachier vollkommen übereinstimmen.

Wie überall, so stellen sie auch hier rundlich-ovale, von
Hyalin-Knorpel überzogene Scheiben dar, deren vorderes Paar
an jedem Wirbel nach oben sieht, um von dem hinteren
des nächst vorderen Wirbels gedeckt zu werden. Ihre Gelenk-
flächen liegen nicht einfach horizontal, sondern sind in der
Richtung von aussen und oben nach unten und einwärts
gegen die Median-Ebene geneigt; allerdings nur in sehr
schwachem Grade, so dass die Bewegungen in der Richtung
von oben nach unten sehr erschwert oder fast unmöglich sind,
während eine « schlängelnde Bewegung dadurch
begünstigt wird ». (Ramorino) Fig. 9. 12. 13. 15. Zwischen den beiden vorderen Gelenkplatten spannt sich der
freie Rand des Wirbelbogens Fig. 13. W. herüber, welcher die Spitze des Processus spinosus (S) trägt. Die
Bogen der vorderen Wirbel Fig. 12. 13. 28. sind viel stärker
gekrümmt, als die der mittleren Brust-und aller Lendenwir-
bel, Fig. 15. woraus für diese eine depresse, nach beiden Seiten verbreiterte Form mit weit auseinander gerückten Gelenkplatten resultirt. Die hinteren Gelenkplatten kann man als die
Basen für die beiden hier sich gabelnden Hälften des Dornfortsatzes ansehen, die zugleich den am weitesten zurücklie-
genden Theil des Wirbels darstellen. Fig. 9. 12. 18.

Die Halswirbel sind wie bei allen Urodelen nur durch
den Atlas vertreten, welcher allein keine Rippen trägt,
während die nächst folgenden 16. Wirbel alle solche besit-

zen. Wie sich hierin die übrigen Molche verhalten, zeigt die tabellarische Uebersicht; aus dieser ersieht man, dass nur der Tr. cristatus dieselbe Rippenzahl besitzt und alle übrigen weniger. An den Rippen des fünfzehnten Wirbels, also am vierzehnten Rippenpaar, hängen die Darmbeine fest, so dass dieser Wirbel als Sacralwirbel zu bezeichnen ist.

Die darauf folgenden zwei ersten Caudalwirbel tragen die zwei letzten Rippenpaare, ein Verhalten, das ich an keinem der von mir untersuchten Salamander wieder beobachtet habe. Der Sacralwirbel ist bei allen Species kräftig entwickelt, und nie ist mir bekannt geworden, dass bei unsern Salamandern zwei Wirbel zusammen zum Darmbeine in Beziehung treten, weshalb ich um so mehr überrascht wurde, als mir unter den sechs, von mir untersuchten Exemplaren des gefleckten Landsalamanders Folgendes aufstiess. Auch hier war der mit den Knorpel-Apophysen des Os ilei in Verbindung tretende Sacralwirbel kräftig entwickelt, allein an seiner hinteren Circumferenz war der nächstfolgende Caudal-Wirbel gleichsam in ihn hineingeschoben, so dass immer noch der erstere die Hauptmasse ausmachte. Bei näherer Untersuchung stellte es sich heraus, dass beide Theile untrennbar fest verwachsen und dergestalt in einander übergegangen waren, dass sie nur *eine* homogene Masse ausmachten, an der auch nicht eine Spur der früheren Grenze zwischen beiden aufgefunden werden konnte. Fig. 105. Der Dornfortsatz des vorderen Abschnittes war nach rückwärts fast vollkommen verstrichen, und der hintere zeigte statt eines solchen vielmehr eine flache Delle.

Ob diese Bildung als erster Anlauf zu einem, aus mehreren Wirbeln sich zusammensetzenden Sacralbein aufzufassen ist, oder ob sie die Wirkung einer früher an dieser Stelle stattgehabten Verwundung mit secundärer Synostose ist, wage ich nicht zu entscheiden. Doch neige ich mehr zur ersten Annahme hin, da bei Menopoma der Sacralwirbel auch aus

mehreren Abschnitten besteht. Immerhin bleibt die Sache
merkwürdig und fordert zur wiederholten Untersuchung auf.
Die Suprascapula entspricht der Höhe des zweiten Wirbels und ist nur durch Muskeln fixirt, ohne sich mit der
Wirbelsäule in Verbindung zu setzen.

Processus spinosi.

Betrachtet man die Wirbelsäule von oben, so springen vor
allem die mächtig entwickelten Dornfortsätze in die Augen, welche überhaupt als eine charakteristische Eigenthümlichkeit der Salamandrina gegenüber den übrigen Urodelen
betrachtet werden können. Sie machen sich, wie oben bemerkt, schon durch die Haut hindurch bemerklich, und verleihen, um mit Ramorino zu reden, « der Wirbelsäule das
Aussehen einer Kette ». Tr. cristatus, dessen Wirbel in der
übrigen Form sonst ziemlich mit denen der Salamandrina übereinstimmen, weicht doch durch die niederen, schlecht entwickelten Dornfortsätze wieder sehr ab; dazu kommt, dass sie
am hinteren Ende kaum gegabelt sind Fig. 1 0 6. Ganz ebenso
verhält es sich bei Trit. alpestris und den beiden Landsalamandern, bei welch letzteren übrigens die Gabelung
am Hinterende schon etwas stärker ausgeprägt ist. Jeder
Processus spinosus entspringt bei Salamandrina, wie oben
angedeutet, mit zwei kräftigen Schenkeln oberhalb der hinteren Gelenkfortsätze jedes Wirbels. Fig. 11. 18. Diese vereinigen sich etwas vor der Mitte des zugehörigen Wirbels zu
einem spitzen Dorn, der in den Ausschnitt der Schenkel
des nächst vorderen Fortsatzes hineinpasst, Fig. 11. was mir
von keiner andern Urodelen-Art bekannt ist. Dagegen beo-
bachte ich Aehnliches bei Crotalus horridus, bei Sauriern z. B. in der Brust-und Lenden-Gegend des Alligators,
und auch bei Vögeln, z. B. in den hintersten Halswirbeln
von Phoenicopterus antiquorum. Die Dornfortsätze endigen nach oben nicht kantig zugeschärft, wie wir
dies von Tr. taeniatus und helveticus gewöhnt sind, bei

welchen Arten sie sich aber, beiläufig bemerkt, schon viel mehr erheben und stärker gabeln, als wir dies von den übrigen deutschen Arten gesehen haben. Gleichwohl erreichen sie damit nicht entfernt den Typus der Salamandrina, auch greifen sie nicht in einander, wie hier. Die kammartigen, enorm hoch nach hinten emporspringenden Processus spinosi des Axolotl's lassen sich ebenfalls kaum damit vergleichen; dieselben repräsentiren vielmehr Dornen im eigentlichen Sinne des Wortes und tragen an ihren Spitzen einen Knorpelbelag.

Im Gegensatz zu diesen Arten besitzen die Processus spinosi des Brillensalamanders wulstige, nach aussen umgekrempelte Lippen, die namentlich an den Ursprungsschenkeln eine mächtige Entwicklung zeigen, um sich dann nach vorne zu allmälig zu verschmälern. An den vorderen Wirbeln, die viel höher sind, als die hinteren, kommt der Processus spinosus nicht ganz der Hälfte der Höhe des ganzen Wirbels gleich, während sich dies Verhältniss an den depressen Lenden-und letzten Brustwirbeln gerade umgekehrt gestaltet. Fig. 16. In der Configuration beobachtet man die allergrössten individuellen Schwankungen, ja ein Blick auf die Abbildung 11. genügt, um zu zeigen, dass nicht einmal zwischen zwei Dornfortsätzen ein und desselben Thieres eine Uebereinstimmung in der Grösse des Winkels, der Richtung und Form der einzelnen Lippen ect. besteht.

Nicht selten sieht man den Zwischenraum zwischen beiden Lippen porös durchbrochen oder von einer queren Knochenspange durchsetzt. Fig. 11. 18.

Entsprechend dem Höherwerden der Wirbel liegen auch die Dornfortsätze nicht in einer horizontalen, sondern in einer mässig nach vorne ansteigenden Ebene. Fig. 16.

Processus transversi.

Sie besitzen eine kurze, gedrungene, kräftige Gestalt und jeder Querfortsatz besteht, wie bei den übrigen Arten, aus zwei zusammenhängenden Bälkchen, [ist also eigentlich paarig] von denen jedes eine überknorpelte Gelenkfläche trägt zur Verbindung mit dem, in zwei Arme sich spaltenden Vertebral-Ende der Rippen. Fig. 14. 16. 17. P. t.

Der Atlas zeigt nur Rudimente eines Querfortsatzes, was im Gegensatz steht zu einem von mir untersuchten Exemplare des schwarzen Bergsalamanders, bei welchem sich an der rechten Seite eine rudimentäre Rippe, nebst wohl entwickeltem Processus transversus vorfand.

Auch bei Tr. cristatus finden sich am Atlas ziemlich stark entwickelte Querfortsätze.

Vom sechszehnten Wirbel an ist die Doppelanlage des Querfortsatzes schon nicht mehr zu erkennen, bis endlich weiter nach rückwärts nur noch unregelmässige, dornartige Prominenzen auftreten Fig. 19. 21. 22. 31. P. t. Gegen die Schwanzspitze hin verlieren diese sich auch und die Seitenwand des Wirbels wird von einem unregelmässigen Relief zick-zackartiger Leisten eingenommen Fig. 25. 30.

Die Richtung der gut ausgeprägten Querfortsätze der Stamm-Wirbel ist nicht einfach transversell, sondern geht zugleich nach hinten. Fig. 16. 17. Ihre untere Wurzel haftet am Wirbelkörper, der, wie bei allen Urodelen, eine nur schwache Entwicklung zeigt, die sich bei der Betrachtung von unten in Form eines Cylinders mit nur sehr schwacher Einschnürung, den übrigen Urodelen gegenüber geltend macht. Fig. 17. Beide Wurzeln entspringen mit einer dreieckigen Basis, welche der ganzen Breite des Wirbels aufsitzt. Nur hierauf kann sich die Bemerkung Ramorinos beziehen, wenn er sagt: « die Querfortsätze sind entwickelt, dreieckig, mit einer Basis, deren Länge derjenigen des Wirbelkörpers entspricht ». Wie bei allen geschwänzten Batrachiern, so zeichnen sich auch hier die Querfortsätze des Sacral-Wirbels durch besondere Stärke aus. Die lamellöse Verbindungsbrücke zwischen den beiden Bälkchen der Querfortsätze ist in der verschiedensten Weise durchlöchert, was auch für die Theile

der Unterfläche der Stammwirbel gilt, welche seitlich vom
Körper liegen. Fig. 16. 17. 10. 12.

Die Oeffnungen führen bei den drei bis vier ersten Wirbeln
zuweilen hinein bis in den Wirbelkanal, wie auch in dem
Winkel, den die abgehenden Processus transversi mit dem nach
rückwärts von ihnen liegenden Theil des Wirbels erzeugen,
ein Loch existirt, das ich vom zweiten bis zum siebzehnten
Wirbel constant finde, und das zum Eintritt der Arteria
collateralis vertebralis dient.

Die Foramina intertransversaria Fig. 16. sind
eigentlich keine Löcher, sondern würden besser den Namen:
Fissurae intertransversariae führen; sie sind namentlich weit in der Höhe des Schulter-und Beckengürtels,
entsprechend den starken Strängen des Plexus axillaris
und lumbo-sacralis.

Atlas.

Er stellt einen schmalen Knochenring dar, der in seiner
Grundanlage mit dem der meisten übrigen Urodelen übercin-
stimmt.

Die unterste Fläche ist die breiteste und schickt nach
vorne einen abgerundeten, an der unteren Seite mit einer
schwachen Rinne versehenen Fortsatz ab, Fig. 29. *, welcher
einen Knorpelüberzug besitzt zur Articulation mit dem zungenartigen Fortsatz des Basisphenoids. Da wo er vom Wirbelkörper abgeht, existirt eine halsartige Einschnürung, und
seitlich davon finden sich zwei flügelartige Anhänge: die beiden Processus condyloidei. Fig. 26. 27. 28. 29. gg. Der
Körper ist, wie bei den übrigen Wirbeln porös und verjüngt
sich nach hinten gegen die hier liegende Gelenkpfanne trich-
terförmig. Letztere erscheint mit ihrer oberen Circumferenz
gegen die Wirbelhöhle zu knopfartig vorgetrieben. Der Bogen
steht an Länge zurück gegen den Körper, und trägt den
Processus spinosus, der in seiner Form von den andern wesentlich abweicht. Uebrigens entspringt er auch auf

den hinteren Gelenk-Fortsätzen mit zwei Schenkeln, die sich
ungefähr über der Mitte des Bogens vereinigen, ohne jedoch
in der Horizontal-Ebene weiter zu laufen. Er fällt vielmehr
unter scharfer Knickung steil nach vorne ab Fig. 26. und
gabelt sich zugleich in drei Theile: einen mittleren, der
unter allmäliger Verflachung gegen den schnauzenartig vorspringenden freien vorderen Rand des Bogens ausläuft und
zwei seitliche, die sich schon früher auf den Seitentheilen
des Bogens verflachen. Fig. 27. 28. Die seitliche Wand
des Atlas stellt in der Richtung von hinten nach vorne nur
eine schmale Spange dar und besitzt hier und dort einen
tiefen Ausschnitt Fig. 26. a b. Von der hinteren Incisur
verläuft nach vorne und abwärts eine scharfe Crista, welche
in der Höhe des schaufelartigen Fortsatzes angekommen, zu
dem, an seiner Vorder-Fläche mit Knorpel überzogenen, Gelenk-
fortsatz anschwillt. Fig. 26. 28. g g. Dieser wird von einer,
von der Unterfläche des Wirbelkörpers herkommenden Crista
wie von einem Strebepfeiler gestützt.

Der gerundete, weit vorspringende freie Rand des Bogens
mit dem auf seiner oberen Fläche gehöhlten schaufelförmigen
Fortsatz des Körpers erinnert, von vorne und ein wenig von der
Seite her gesehen, an einen weit geöffneten Rachen. Figur 28.

Von einer Oeffnung an der Seite, von der Hoffmann den
Zerfall in Atlas und Epistropheus ableiten will,
kann ich hier nichts entdecken.

Der zweite Wirbel. *Fig. 9. 10. 12. 13.*

Er zeichnet sich von den folgenden nur durch seine grössere
Kürze und Höhe aus, sowie durch das weite Lumen seines
Canals. Dieses ist nicht einfach rund, sondern mehr spitz-
bogig, eine Eigenschaft, die er auch mit dem nächstfolgenden
theilt. Weiter nach rückwärts nimmt das Lumen ein mehr
rundliches Gepräge an, das unter gleichzeitiger Verenge-
rung des Canals an den letzten Lendenwirbeln von oben
nach unten, sogar wie zusammengedrückt erscheint. Fig. 15.

Caudalwirbel.

Vom siebzehnten Wirbel an, der das letzte Rippenpaar trägt, treten untere Fortsätze auf, was bei den Tritonen erst von dem d r i t t e n Caudalwirbel an der Fall ist. Der erste untere Dornfortsatz der S a l a m a n d r i n a ist übrigens noch nicht, wie alle folgenden, von einem Canal durchbohrt, sondern gabelt sich nur an seinem hinteren Ende, wobei eine Rinne entsteht, welche die A r t e r i a c a u d a l i s zur Oeffnung des nächsten Dornfortsatzes gleichsam hinleitet. Die oberen sowohl, als die unteren P r o c e s s u s s p i n o s i der Schwanzwirbel sind von mehr lamellöser Natur, also zarter angelegt, als die derben knorrigen Dornfortsätze der Stammwirbel. Ihre Ränder tragen keine Lippen, sondern sind, wie schon oben bemerkt, messerartig zugeschärft. Im Gegensatz zu den unteren Dornfortsätzen aller übrigen C. Wirbel, welche eine der Horizontalen sich nähernde Richtung haben, (Fig. 22. 23.) geht derjenige des dritten viel steiler vom Körper nach abwärts rückwärts, wobei er den letzteren, wie ein Schnabel, weit nach hinten zu überragt. Fig. 19. An seinem Ende besitzt er auf der oberen Fläche eine Hohlrinne, in die ein kielartiger Vorsprung an der Unterseite des nächst hinteren Dornfortsatzes hineinpasst.

Es wird dadurch dasselbe Verhältniss erzielt, wie wir es an den Schienen eines Panzers wiederfinden, wodurch dem, ohnedies sehr leicht verletzbaren, zerbrechlichen Schwanz eine grössere Festigkeit in seinen einzelnen Theilen verliehen wird.

Dass die Querfortsätze an der Schwanzwirbelsäule mehr die Form von Dornen annehmen, habe ich schon oben angegeben und ich füge nur noch hinzu, dass diese mit breiter Basis von der ganzen Seitenwand des Wirbels, also vom B o g e n und K ö r p e r, ihren Ursprung nehmen und statt nach aussen zu gehen, mehr an der Seitenwand des Wirbels nach rückwärts ziehen. Fig. 18. Der letzte rippentragende Caudal-Wirbel besitzt am unteren hinteren Ende seines Querfortsatzes nur noch e i n e n mit Knorpel überzogenen Gelenkkopf zur Verbindung

mit der Rippe. Fig. 19. Pt. Betrachtet man ihn von vorne her,
so bekommt man das Bild eines S t e r n e s mit vielen Strahlen,
welche durch die vom vorderen Gelenkkopf ausgehenden
Leisten dargestellt werden; die Sculptur wird noch zierlicher
durch das maschige (poröse) Gefüge der die Leisten verbindenden Knochenlamellen. Fig. 21.

Der die unteren Dornfortsätze durchsetzende Canal besitzt
ein Lumen von Kartenherzform, während die Seitenwände
des Wirbelcanals wie eingeknickt eind. Fig. 21. Je mehr wir
uns der Schwanzspitze nähern, desto mehr gewinnen die
oberen und unteren Dornfortsätze, wie wir es im Extrem
bei Tr. t a e n i a t u s wieder finden, das Uebergewicht über
den Körper Fig. 31. und um so mehr gehen die unteren
Dornfortsätze, die an ihrem hinteren Ende in zwei lange
Schnäbel gespalten sind, Fig. 22. in die Horizontalebene
über. Der vorletzte Wirbel Fig. 25. V. w. besitzt eine mützen-
förmige Configuration und ist vorne an seinen Rändern unregelmässig ausgeschnitten; die beiden Dornfortsätze kommen
nicht mehr zur Ausprägung, oder sind wenigstens beinahe
ganz verstrichen, ebenso verhält es sich mit den Seitenkanten, welche als kaum merkliche Prominenzen gegen seine
hintere Circumferenz zu convergiren.

COLUMNA VERTEBRALIS DES GEOTRITON FUSCUS *Fig. 104.*

Während wir in der starkknochigen Beschaffenheit der Wirbelsäule von Salamandrina und namentlich in der Form der
W i r b e l k ö r p e r eine ziemlich hohe Entwicklungsstufe zu
erkennen Gelegenheit hatten, sehen wir bei G e o t r i t o n hievon gerade das Gegentheil. Hier tritt uns eine sehr zarte
Structur mit viel Knorpel-Einlagerung entgegen; statt der
derben Verknöcherung von dort, begegnen wir hier einer
mehr blättrigen porösen Knochensubstanz; dort hatten wir
es kaum mit einer Einschnürung des Wirbelkörpers zu thun,
hier tritt sie uns in einem Masse entgegen, welches vollkom-

mene Sanduhrform repräsentirt, wozu auch noch eine sattelförmige Einziehung in der Richtung von oben nach unten
kommt. Bei Salamandrina sahen wir die Rippen sogar an
der Schwanzwirbelsäule noch auftreten, hier hören sie
schon am drittletzten Stammwirbel auf. Die Processus spinosi sind niedrig, und überhaupt nicht schön
entwickelt; die Processus transversi übertreffen diejeni-
nigen der Salamandrina an Länge im Verhältniss um das
Dreifache, sind nicht so stark, wie bei letzterer, und ragen
in Form von schwach convexen, dünnen Spangen gerade nach
aussen, wobei sie durch eine lange Knorpelzone mit den
schwachen Rippen fest zusammenhängen. Man wird durch
diese Art der Querfortsätze unwillkürlich an die Anuren
erinnert. Am sechszehnten Wirbel, welcher das Darmbein
trägt, sind sie besonders kräftig entwickelt und zeigen sich
an ihrem lateralen Ende keulig aufgetrieben.

Im Gegensatz zu den, kaum über das Niveau des Wirbelbogens sich erhebenden oberen Dornfortsätzen, sind die
unteren der Caudal-Region viel stärker ausgeprägt; sie beginnen am dritten Schwanzwirbel. Nirgends an der ganzen
Wirbelsäule greifen sie in einander, wie wir dies oben bei der
Salamandrina gesehen haben, sondern jeder Wirbelbogen
trägt an seiner vorderen und hinteren Circumferenz einen
halbmondförmigen Ausschnitt, woraus an der oberen Seite
der Wirbelsäule, zwischen je zwei Wirbeln, Oeffnungen entstehen, die durch die Ligamenta interspinalia geschlossen
werden.

Während die Rippen schon sehr frühe aufhören, setzen
sich die Processus transversi bis in die Nähe der Schwanzspitze fort, wenn auch hier nur noch in der Form äusserst
kleiner, hackenförmig gekrümmter Schüppchen. In der zweiten Hälfte des Schwanzes erleiden die Wirbel eine so starke
Compression in der Queraxe, und die unteren Dornfortsätze
werden so ausserordentlich hoch, dass sie nur vertikal stehende Knochenlamellen, mit verdicktem oberen Rand darstellen.

Würde einem dieser Theil der Schwanzwirbelsäule in ma-
cerirtem Zustand vorgelegt, ohne dass man eine Kenntniss
vom lebenden Thier besitzt, so würde man unbedingt versucht sein, auf einen breiten Ruderschwanz zu schliessen, wie ihn die Tritonen besitzen.

Die Löcher hinter den Querfortsätzen für den Eintritt der
Art. collateralis vertebralis sind sehr klein.

Das weitaus grösste Interesse nimmt aber die Thatsache in
Anspruch, dass wir am gut macerirten Wirbel keinen vorderen knöchernen Gelenkkopf, wie bei
allen übrigen Salamandrinen wahrnehmen, sondern dass uns ein amphicoeler Typus vorliegt!
Die Kapsel, welche durch den Zusammenstoss einer vorderen
und hinteren Pfanne zu Stande kommt, ist durch hya-
line Knorpelsubstanz ausgefüllt, (K) und diese ist einem vorderen Gelenkkopf als gleichwerthig zu erachten. Die
Knochenwände der Kapsel sind papierdünn, und lassen bei
geeigneter Präparations-Weise den Knorpel durchschimmern.
Nimmt man diesen Umstand zusammen mit dem
frühen Aufhören der Rippen, der Sanduhrform
der Wirbelkörper, dem Verhalten der Querfortsätze zu den Rippen, der (später zu schildern-
den) Beschaffenheit der letzteren, und dem
schwachknochigen, zarten Habitus der ganzen
Wirbelsäule überhaupt, so sehen wir uns zu
demselben Schlusse berechtigt, den uns auch
das Schädelgerüste abnöthigte, dass wir hier
Verhältnisse vor uns haben, wie sie nur bei
den Perennibranchiaten und Derotremen wieder vorkommen, wie sie aber bis jetzt unter
den Salamandrinen noch nicht zur Beobachtung gekommen sind und welche deshalb die
allergrösste Beachtung verdienen! Ueber das Verhalten der Chorda habe ich bis jetzt noch keine näheren
Untersuchungen angestellt, aber Alles weist ja auf eine, mit
den niedrigsten Ordnungen der Urodelen vollkommene Ueber-

einstimmung hin; gleichwohl werde ich mir Gelegenheit
nehmen, mich später näher darüber auszusprechen.

Bänder der Wirbelsäule von S. perspicillata und Geotriton f.

Die Verbindung der einzelnen Wirbel kommt zu Stande
durch Ligamenta interspinalia, welche von der Spitze
des einen zum Ausschnitt des nächst vorderen Wirbels gehen.
Ferner finden sich, wie bei den andern Batrachiern, Lig.
intertransversaria und capsularia inferiora für
die Verbindung der Köpfe resp. Pfannen der Wirbelkörper. — Von einem gemeinsamen Ligt. column. longitudinale anticum, wie es gewisse Anuren besitzen,
findet sich nichts vor.

Rippen von Salamandrina und Geotriton.

Sie unterliegen bei Salamandrina den allergrössten
individuellen Schwankungen, wie sie auch nach den verschiedenen Körperregionen bedeutende Abweichungen nach Form
und Grösse zeigen. Alle aber, ohne Unterschied, zeigen sich
stark verknöchert, und entbehren der sonst alle andern Urodelen charakterisirenden Knorpelspitzen am lateralen Ende,
wogegen sie sonst, mit einziger Ausnahme der drei oder
vier hintersten Paare, vollkommen mit den Tritonen übereinstimmen. Hier wie dort finden wir das gespaltene, mit
dem Gelenk-Knorpel überzogene Vertebralende, sowie den
mehr oder minder stark entwickelten knorrigen Fortsatz,
der an die Processus uncinati Fig. 35. P. u. der Vögel
erinnert. Letzteren finde ich am stärksten ausgeprägt bei
Triton helveticus und taeniatus, weniger bei Tr.
cristatus und alpestris, und überall sehe ich ihn, je
mehr wir nach rückwärts gehen, nach aussen von der Columna fortrücken. Fig. 35.

Jede Rippe steht in natürlicher Lage auf ihrer ventralen
Kante, kehrt also die eine, schwach convexe Fläche nach

vorne, die andere, concave, nach hinten. Am zweiten bis
vierten Wirbel beobachten wir eine mehr gedrungene keulenförmige Rippenform, während die nächst folgenden drei
Paare weiter lateralwärts reichen, also mehr gestreckt sind,
worauf endlich eine ziemlich rasche Verkleinerung und
Veränderung der Formen folgt.

In den drei bis vier letzten Rippenpaaren kann man den
Typus der vorderen nicht wieder erkennen, sie stellen minimale Knochentäfelchen dar, welche nur mit vieler Sorgfalt
isolirt werden können. In der Form zeigen sie an einem und
demselben Individuum grosse Schwankungen, ja es existirt
nicht einmal eine symmetrische Entwicklung auf beiden
Seiten, denn hier kann ein absonderlich gekrümmter Hackenfortsatz: Fig. 35. U. aufsitzen, der dort vollkommen fehlt,
bald schlägt die ovale, bald mehr die quadratische Form, mit
tief einschneidender Spaltung an der lateralen Seite, vor.

Dass die Rippen sich der Leibescircumferenz durch keine
Krümmung accomodiren, wurde schon früher hervorgehoben,
wo ich sagte, dass die lateralen Enden die Haut in kleinen
Höckern aufheben, wodurch die Flanken vom Rücken scharf
abgesetzt werden.

Was die Rippen des Geotriton anbelangt, so entspringen nur die vier ersten Paare zweiwurzelig, und dem entsprechend sind auch nur hier die Querfortsätze zweibalkig
entwickelt; die übrigen, äusserst dünnen und schwachen Rippen
tragen nur eine Gelenkpfanne, wie auch hier die Processus
transversi nur mit einer Wurzel, und zwar vom Wir-
bel-Körper entspringen. Beide Rippen-Enden tragen lange
Knorpelapophysen und hier so wenig, als bei den
Tritonen bemerkte ich jene merkwürdige Ver-
krüppelung der letzten Rippenpaare, sowie auch
hier jene Höckerbildungen, die ich oben mit Processus uncinati
verglichen habe, vollkommen fehlen. Fig. 104. K. Ap.

SCHULTERGÜRTEL

Salamandrina perspicillata und Geotriton fuscus

mit Vergleichung der verwandten Arten.

Was die hier in Frage kommenden Formverhältnisse der Salamandrina anbelangt, so ist gegenüber von den deutschen Tritonen nur wenig Abweichendes zu notiren. Wie hier setzen sich die Theile sowohl aus Knochen - als Knorpel - Substanz zusammen, jedoch in einer Vertheilung, die auf das evidenteste wieder für die hohe Entwicklungs-stufe des Thieres spricht, indem keine andere Species der Sa-lamandrinen eine so bedeutende Ausbreitung des Knochenge-webes gegenüber den hyalin-knorpeligen Partieen aufzuweisen im Stande ist. Denn während man bei den geschwänzten Ba-trachiern im Allgemeinen nur einen geringen Bezirk des Knorpelgewebes in der Circumferenz der Gelenkpfanne ver-knöchern sieht, der im Verhältniss zu den grossen Strecken des persistirenden Hyalinknorpels, eine beinahe verschwin-dende Kleinheit besitzt, so ist hier das Verhältniss ein we-sentlich anderes geworden, wie aus dem Folgenden hervor-gehen wird.

Das auf dem Rücken des Thiers nach aussen von der Wir-belsäule liegende Suprascapulare Fig. 71. SS. besitzt die Form eines Rechteckes, das sich lateralwärts verbreiternd, an seinem vorderen Rand eine wulstige Lippe erzeugt, welche bei P. zu einem starken Knopf anschwillt. Nur an seinem äusseren Rand, der an das Scapulare anstösst, erreicht es die Breite des letzteren, während es sonst etwas schmäler bleibt, was zu allen übrigen Urodelen im Gegensatz steht, wie auch Gegenbaur (Schultergürtel der Wirbel-thiere) von dem Scapulare ganz richtig sagt: « es besteht aus einem unteren, schmalen verknöcherten Theile, und

einem oberen breiteren, der knorpelig bleibt ». Was das
,knöcherne Scapulare anbelangt, so besitzt es eine dem
Körper angepasste concave glatte, und eine äussere convexe
Fläche. Diese hat meine Aufmerksamkeit ganz besonders in
Anspruch genommen, weil sie eine Sculptur besitzt, welche wohl
geeignet ist, auf die innige Zusammengehörigkeit der Pars
ossea und hyalina ein helles Licht zu werfen. Während
wir nemlich auf der Aussenfläche der Scapula der Perennibranchiaten und ebenso bei Salamandra maculata,
atra, Triton cristatus und alpestris keine Spur von
Leisten und Protuberanzen erblicken können, treten solche
zum erstenmale auf bei Triton taeniatus und helveticus, erreichen aber erst den höchsten Grad der Ausbildung bei Salamandrina. Hier zieht eine starke, wulstige
Spina vom inneren (oberen) Rand der Cavitas glenoidalis nach vorne und einwärts, bis sie endlich am inneren
Winkel des vorderen Scapular - Randes zu einem eigentlichen Knorren anschwillt, welcher nach vorne zu eine
Höhlung besitzt. In diese kommt die oben erwähnte knopfar-
tige Auftreibung am vorderen Rand des Suprascapulare
zu liegen. Der dorsale Theil der Scapula wird dadurch in
diagonaler Richtung in zwei Gruben getheilt, welche an die
Fossa supra-und infraspinata der höheren Thierwelt erinnern,
wie mir auch alles darauf hinzudeuten scheint, die in Frage
stehende wulstige Bildung mit der Spina scapulae in
eine Parallele zu stellen.

In der direkten Verlängerung desjenigen knorpeligen Theils,
der in Form einer rasch sich zuspitzenden, schwertartigen Lamelle von der Scapula nach vorne abgeht, nach rückwärts
zu, treffen wir wiederum eine gegen die Cavitas glenoidalis
hin allmälig sich verjüngende breit-wulstige Bildung, welche
sich nach vorne in das Procoracoid eine Strecke weit
fortsetzt. Dadurch entsteht lateralwärts und abwärts davon
eine Grube gegen das Coracoid zu.

Wir sehen also, dass sich in demjenigen Gebilde, das man
gewöhnlich mit Scapula bezeichnet, Theile differen-

ziren, welche mit den betreffenden Knorpel-Zonen im aller-
engsten Zusammenhang stehen, so dass man die vagere
Bezeichnung: Scapula für die ganze Knochenzone fallen
lassen, und dafür die sich abgliedernden Regionen mit eigenen Namen versehen kann. Ich nenne denjenigen Theil,
welcher die Spina trägt und sich an das knorpelige Suprascapulare anlegt: Scapula im engeren Sinn; das Procoracoid zerfälle ich in eine Pars ossea Fig. 71. S. und
cartilaginea (Pc), ebenso das Coracoid selbst. Der knorpelige Theil des letzteren bildet dieselbe breite Platte, die
sich mit ihrem convexen Rand über diejenige der anderen
Seite in der Medianlinie der Brust herüberschiebt, wie bei
den übrigen Urodelen, jedoch mit dem Unterschied, dass sie
im Verhältnisse zu ihrer Pars ossea viel geringere Ausdehnung besitzt. Fig. 71. Co. und Fig. 63.

In dem unteren Winkel, den beide Coracoide durch ihren
Zusammenstoss erzeugen, liegt das knorpelige Sternum,
von dem nichts Besonderes zu berichten ist. Es finden Gegenbaur's Worte (l. c. Pag. 70) auch hierauf die passendste
Anwendung.

Durch ihre kleinere Entfaltung steht die Pars coracoidea
cartilaginea im grellsten Gegensatz zu Geotriton fuscus, den Perennibranchiaten, Salamandra mac.,
Triton cristatus und alpestris. Sie ist durch eine
breite Knochenbrücke von der Pars cartilaginea des Procoracoids getrennt, während sie bei den genannten Arten durch
eine mehr oder minder starke Knorpelzone continuirlich damit
zusammenhängt. Diese besitzt z. B. bei Salamandra atra
eine sehr bedeutende Ausdehnung Fig. 115. Co. und Pc.
und die Einkerbung zwischen beiden Theilen geht nicht sehr
tief. Das Gegentheil hievon sehen wir am Schultergürtel des
Geotriton Fig. 109. Co. Pc., wo zugleich eine ganz excessive
Entfaltung des Procoracoids und der Suprascapula eintritt.
Jenes zeigt sich nach vorne zu breit abgerundet und schickt
einen starken Hackenfortsatz nach hinten, der mir von keiner
andern Salamander-Art bekannt ist; dieses besitzt gegen die

Cavitas glenoidalis zu nur einen sehr schwachen Stiel aus
Knochensubstanz, welcher sich unter scharfer Knickung vom
übrigen Theil der knöchernen Scapula absetzt, wie dies auch
bei Salamandra mac. und atra der Fall ist; jedoch ist
er bei den beiden letzteren sowohl nach Länge als nach
Breite kräftiger ausgeprägt, wogegen das Suprascapulare
weit hinter dem des Geotriton zurückbleibt.

Während die Bildung der Gelenkpfanne bei Salamandrina und den Tritonen ganz von Seiten der gut verknöcherten Scapula geschieht, ist dies bei Geotriton und
Salamandra atra nicht in der ganzen Circumferenz der
Fall, insofern sich hier das Coracoid in Form eines breiten
Gürtels nach hinten zu um das kleine Scapulare herumzieht,
bis es schliesslich an die hintere Circumferenz der Cavitas
glenoidalis stösst, um sich an deren Aufbau in höherem oder
geringerem Grade zu betheiligen. Bei S. perspicillata
besitzt letztere eine starke Knorpelauskleidung, und ist von
einem starkwulstigen Labrum cartilagineum umgeben,
welches nach vorne nicht geschlossen ist und so an die
Incisura acetabuli des menschlichen Hüftgelenks erinnert.
Nach vorne von der Gelenkpfanne, in der Rückwärtsverlän-
gerung des Procoracoids, liegt eine Oeffnung für den Durchtritt
eines Nerven, welche allen Urodelen gemeinschaftlich ist.

Das knorpelige Sternum hat die Gestalt einer nach
vorne schauenden Pfeilspitze, und ist auf seiner Dorsalfläche concav, während es in der Mittellinie seiner unteren
convexen Fläche eine nach hinten anschwellende und dann
zu einem hervorragenden Dorn sich verjüngende Crista
Fig. 110. C. Sp. trägt. Von der Spitze bekommt man den
Eindruck als wäre sie von beiden Seiten her in drei Lamellen auseinander geblättert, zwischen welche jederseits
der scharfe Rand der Coracoide eingefalzt erscheint. Fig. 110.
Pl. Pl. a. Zur Fixirung derselben dienen zwei Muskellagen,
von denen die eine längs der Crista auf der ventralen Seite
des Sternums entspringt und nach aussen zum Humerus geht
(Pectoralis major), während die andere von dem freien Rand

des Falzes jederseits entspringend, an der dorsalen Fläche des Coracoids sich hinzieht. Somit wird der Falz durch eine grosse Muskeltasche fortgesetzt, worin das Coracoid gut geborgen liegt. Der verschieden hohen Lage der Coracoide entsprechend, liegen auch diese Taschen in verschiedener Höhe. Mit dieser Beschreibung stimmt auch das Sternum unserer inländischen Molche ziemlich vollständig überein, nur fehlt hier die erwähnte Crista an der Ventralseite, wogegen die beiden hinteren Ecken der Pfeilspitze viel weiter nach rückwärts ausgezogen erscheinen. Bei S a l a m a n d r a a t r a ist der Falz sehr tief und das Ganze dadurch mehr in die Breite gezogen, was auch mit dem A x o l o t l übereinstimmt, nur mit dem Unterschied, dass ich hier den hinteren Rand des Sternum nicht einfach in zwei seitliche Hörner ausgezogen, sondern an verschiedenen Stellen eingekerbt finde. Die Scapula dieses Thiers weicht nur insofern von der der Salamandrinen ab, als die knorpeligen Theile eine im Verhältniss ganz colossale Entfaltung zeigen.

Humerus. *Fig 65.*

Er wird durch einen starken Knochen repräsentirt, der ein aufgetriebenes Ober - und ein dünneres Unterende besitzt. Esteres trägt einen massigen, mit Knorpel überzogenen Gelenkkopf, auf den eine halsartige Einschnürung folgt, worauf der ganze Knochen seinen grössten Breitendurchmesser erreicht durch Hervortreibung eines stumpfen Processus lateralis und eines messerartig zugeschärften hackigen Processus medialis. Dieser zieht sich nach unten in eine lange Spina aus. Die Diaphyse ist annähernd cylindrisch und erst an der unteren Apophyse tritt wieder eine Verbreiterung des Knochens im Querdurchmesser auf, unter Bildung eines C o n d y l u s r a d i a l i s und u l n a r i s. Er schliesst ab mit einem runden Gelenkkopf, an dem sich eine besondere Trochlea differenzirt, während nach aufwärts eine gut ausgeprägte Fossa supracondyloidea antica zum Vorschein kommt. Bei G e otriton besitzt der Humerus, wie überhaupt das ganze Skelet, einen zarten Habitus, mit überaus brüchiger, überall grosse Markräume einschliessender, Knochensubstanz. Dazu kommen enorm entwickelte Knorpel-Apophysen aller Extremitätenknochen, wie wir ihnen nur wieder bei den niedrigsten Ordnungen der Batrachier begegnen.

Im Gegensatze dazu zeigen die Tritonen in Beziehung auf Configuration sowohl, als starkknochigen Charakter die vollkommenste Übereinstimmung.

Radius. *Fig. 66.*

Auch bei diesem Knochen gehe ich, wie bei der Schilderung der Extremitätenknochen überhaupt, von der natürlichen Lage aus, wobei ich mir die ganze Extremität in gestreckter Stellung unter rechtem Winkel vom Rumpfe abgezogen denke. Die Speiche besitzt eine, in der ganzen Länge verlaufende, vordere und hintere Kante; das untere Ende ist bedeutend verbreitert und besitzt eine, mit dem Radiale und der einen Hälfte des Intermedio-ulnare articulirende, facettirte Knorpelfläche Fig. 69. R, während das obere (Capitulum radii) eine tellerförmige, schräg abgestutzte Gelenkfläche der Trochlea des Humerus entgegenschickt.

Ulna. *Fig. 67.*

Dieser Knochen besitzt an seinem oberen Ende ein knorpeliges, leicht gehöhltes Olecranon und einen kleinen Processus coronoideus. Das untere Ende stösst an das Intermedio-ulnare und trägt einen kleinen, schräg abfallenden Gelenkkopf, welcher mit einem schwachen Processus styloideus versehen ist. Die gegen den Radius schauende Kante ist sehr scharf und beide Vorderarmknochen werden durch straffes fibröses Bindegewebe der Art in ihrer Lage fixirt, dass ich mir nicht vorstellen kann, wie hier durch Rotations-Bewegungen des Radius eine Pronation und Supination zu Stande kommen soll.

Carpus. *Fig. 69.*

Die einzelnen Theile sind wie bei den Tritonen gut verknöchert und nur von einer dünnen Knorpelzone umgeben. Dies
steht im Gegensatz zu Salamandra maculata und atra,
bei welch letzterer sogar im erwachsenen Zustand die beiden,
am meisten radialwärts liegenden Theile, also das Carpale
2. und das Radiale das ganze Leben in knorpeligem
Zustand zu verharren scheinen, während die übrigen Handwurzelknochen einen sehr dicken Knorpelüberzug besitzen.
Fig. 116. Eine noch niedrigere Stufe nimmt der Carpus von
Siredon pisciformis ein, indem hier das Auftreten von
Kalksalzen zu den Ausnahmen gehört. Kommt dies aber vor, so
ist es immer das Centrale oder Intermedium, welches
allein spärliche Elemente davon enthält. Ganz dasselbe gilt
auch für den Tarsus, so dass ich hierauf später nicht noch
einmal zurückkommen werde. Endlich komme ich an die
Handwurzel des Geotriton fuscus, welche in allen
Lebensstadien nur aus hyalinem Knorpel be-
steht, Fig. 111. eine Eigenschaft, welche dieses Thier wieder
in eine Linie mit Menopoma und Menobranchus stellt!
Was die Zahl der Handwurzelknochen von Salamandrina betrifft, so beläuft sie sich, wie bei allen übrigen
Tritonen und Salamandern, mit Ausnahme des Triton
cristatus, welcher nur sechs besitzt, auf sieben. Der
Carpus constituirt sich nemlich aus dem Centrale (c), dem
Intermedioulnare (ui), dem Radiale (r), und dem
zweiten bis fünften Carpale (2. 5. 4. 5). Bei den Larven zerfällt das Intermedio-ulnare in ein Intermedium und
ein Ulnare, wodurch acht Carpalknochen zu Stande
kommen. Dieses Verhalten persistirt bei Geotriton Fig. 111.
das ganze Leben, ebenso bei sämmtlichen Perennibranchiaten, so dass wir auch hier wieder eine schöne Parallele
ziehen können zwischen Phylogenese und Ontogenese.
Ueber die Configuration der Carpalknochen im Einzelnen

brauche ich mich nicht weiter auszubreiten, indem sie vollkommen mit den Tritonen übereinstimmt, (cfr. Gegenbaur:
Carpus und Tarsus) dagegen möchte ich eines Falles
Erwähnung thun, wo ich die sieben Carpalknochen bis auf
zehn, sowohl rechts als links, vermehrt fand! Es hatte
dies theilweise seinen Grund in einem Zerfall des Intermedio-
ulnare in zwei Theile, wie ich es oben von den Larven der
Salamandra maculata und den Perennibranchiaten erwähnt habe. Ob dies allein auf eine Entwicklungs-
hemmung zurückzuführen ist, muss ich dahin ·gestellt sein
lassen, da man in diesem Fall nicht zehn, sondern nur acht
einzelne Stücke erwarten sollte. Etwas Aehnliches werde ich
vom Tarsus des Trit. cristatus anzuführen haben, doch
geht im letzteren Fall eine Vermehrung der Metacarpen und
Phalangen nebenher, was bei Salamandrina nicht zu
beobachten war.

Metacarpus und Phalangen.

Wie es im ganzen Organisationsplan der Urodelen liegt,
besitzt auch Salamandrina und Geotriton vier Metacarpen. Sie verhalten sich aber zu der vorderen Reihe der Carpalknochen in verschiedener Weise, insofern bei jener das
dritte Carpale, wie bei den Tritonen, den zweiten und dritten
Metacarpus trägt, während wir bei diesem wiederum den Larvenzustand persistiren und das zweite Carpale mit dem zweiten
Metacarpus sich verbinden sehen, Fig. 69. 111. und zwar
findet sich dies noch viel ausgeprägter, als bei der Larve
von Salamandra maculata, wo sich die Articulation nicht ausschliesslich auf das Carpale 2. beschränkt, indem die Basis
des zweiten Metacarpus immer noch zugleich mit dem Carpale 3. articulirt. Dies finde ich auch noch am ausgewachsenen schwarzen Salamander, wenn auch hier das zweite
nur mit einer sehr kleinen Fläche an der Gelenkbildung
Theil nimmt. An beiden Enden der Metacarpen finden sich
dünne Knorpelflächen, welche bei Geotriton, entsprechend

den langen Knorpelapophysen der Extremitäten-Knochen überhaupt, eine viel stärkere Entwicklung erfahren. Fig. 111.
Dasselbe gilt für Salamandra atra Fig. 116.

Der zweite Metacarpus trägt eine, der dritte und fünfte
zwei und der vierte drei Phalangen, welche dieselbe sanduhrförmige Gestalt besitzen, wie bei den Tritonen; auch hier
erfreuen sich die Apophysen einer bedeutenderen Stärke, als
bei S. perspicillata, wodurch sie an Salamandra atra erinnern.
Die letzte Phalanx Fig. 64. 68. 75. trägt bei Salamandrina
an ihrem freien Ende eine starke schaufelförmige Verbreiterung mit schwach eingekerbtem, convexem Rande. Im Gegensatz dazu laufen die letzten Phalangen des Triton cristatus an
der Hand sowohl, als am Fuss mehr zugespitzt nach vorne zu,
und stellen dadurch einen Kegel dar, der an dem einen Ende,
statt der Schaufel, nur eine kleine knopfförmige Auftreibung
zeigt. Fig. 114. An derselben Stelle findet man bei Triton
helveticus und taeniatus die Form eines Dreispitzes oder einer
Pfeilspitze, während wir bei Geotriton wieder einer, wenn
auch nur schwachen, Schaufelbildung begegnen. Fig. 111.
112. Das Gleiche gilt für die beiden Landsalamander, deren
Phalangen stärker eingeschnürt sind, als bei allen übrigen,
von mir untersuchten Salamandrinen.

DER BECKENGÜRTEL.

Er folgt in seinem Aufbau ganz demselben Plane, wie wir
ihn bei sämmtlichen Urodelen antreffen, zeigt aber einen
starkknochigeren Habitus, als alle übrigen Arten.

Os ilei. *Fig. 75.*

Das Darmbein besteht aus einem schwach gekrümmten,
schmalen Knochen, der in der Richtung von aussen nach
innen an seinem oberen und unteren Ende platt gedrückt

ist. Das innere (obere) Ende, das man auch seiner Lage
wegen dén Dorsalabschnitt des ganzen Beckengürtels nennen
könnte, überragt in natürlicher Lage die Höhe der zugehörigen Rippe noch um ein Weniges, und trägt eine hackenförmig nach einwärts abwärts umgerollte starke Knorpelzunge, welche durch einen kurzen dicken Strang von Bindegewebe mit der Sacralrippe aufs allerfesteste verlöthet ist.
Man bekommt daher durch das Tieferliegen der letzteren den
Eindruck, als wäre sie und der zugehörige Wirbel, und nicht
das Darmbein, der wie an elastischen Federn aufgehängte
Theil. In Folge dieser Art der Verbindung, die doch trotz
aller Festigkeit eine sehr bedeutende Beweglichkeit besitzt,
wird das Beckenlumen keine constante Grösse besitzen, sondern einer ziemlich bedeutenden Ausdehnung, namentlich in
der Richtung von oben nach abwärts, fähig sein.

Das untere Ende verbreitert sich nicht nur von vorne nach
hinten, sondern verdickt sich auch zugleich in der Richtung
von aussen nach innen (O i), so dass in dieser Gegend auch
eine vordere, von zwei scharfen Lippen begrenzte Fläche zu
Stande kommt. Die gegen den Körper schauende Fläche dieses
Knochenabschnittes ist an der Stelle convex ausgebaucht,
wo die tief gehöhlte äussere, in Gemeinschaft mit dem
Os ischio-pubicum, die Gelenkpfanne für den Oberschen-
kel zu Stande bringt. Fig. 72. Oi und 73. C. gl.

Die Darmbeine steigen nicht in einer, zur Axe der Wirbelsäule senkrechten, Richtung nach aufwärts, sondern ihr
oberes Ende schlägt zugleich die Richtung nach rückwärts
ein, so dass eine von der Mitte der Gelenkpfanne rechtwink-
lich zur Wirbelsäule gezogene Linie nicht den Sacralwirbel,
sondern die Mitte des letzten Lendenwirbels treffen müsste.

Ganz demselben Verhalten begegnen wir bei allen mir
bekannten Urodelen, nur dass die auf niedrigerer Stufe stehenden, namentlich am dorsalen Ende des Knochens, viel
grössere Knorpel-Apophysen besitzen.

Os ischio-pubicum. *Fig. 70. 72.*

Hier begegnen wir bezüglich der Gruppirung und Ausdehnung des Aufbau-Materials viel grösseren Verschiedenheiten
bei diesen und jenen Familien der Urodelen, als dies beim
Darmbein der Fall war.

Bei Salamandrina wird der ganze Ventral-Theil des
Beckengürtels durch eine paarige Knochentafel repräsentirt,
wovon beide Hälften unter einem nach oben sehr weit offenen
Winkel mittelst einer s c h m a l e n, nach hinten zu kaum
papierdünnen, knorpeligen Symphyse zusammenstossen. Abgesehen von dem die Gelenkpfanne mitconstituirenden Abschnitt sind nirgends knorpelige Theile vorhanden, während
bei den höchst entwickelten Tritonen wenigstens noch die
knorrigen, am äusseren Ende des vorderen Randes liegenden
Ecken einen schwachen Knorpelüberzug besitzen. Sowohl G e o-
t r i t o n als S i r e d o n p i s c i f o r m i s und auch noch Sala-
m a n d r a m a c. u n d a t r a besitzen eine breite, hyalinknorpelige P a r s p u b i c a, welche die F o r a m i n a o b t u r a t o r i a
ungefähr an derselben Stelle trägt, wo wir ihnen auch bei
den übrigen Urodelen begegnen. Fig. 108. O.p. Die Knorpelplatte zieht sich bei Geotriton an ihrem äusseren Rand in
zwei lange, nach vorne sich zuspitzende Hörner aus und hängt
nach hinten zu bei allen den genannten Arten continuirlich
mit der Knorpel-Auskleidung der Gelenkpfanne zusammen,
wie sie sich auch am medialen Rande jeder Knochenplatte
als starker Saum nach hinten erstreckt, um durch den Zusammenstoss von beiden Seiten die Symphyse zu erzeugen.
Fig. 108. Sym. Am hinteren Rand der k n ö c h e r n e n P a r s
i s c h i a d i c a angelangt, verbreitert sich der Knorpelsaum
und setzt sich noch eine kleine Strecke nach beiden Seiten
hin fort. Eine von der Gelenkpfanne sich in die, hier eine
etwas schmälere Knorpelzone vorstellende P a r s p u b i c a
heraufziehende Knorpelbrücke finde ich auch bei T. c r i s t a-
t u s und a l p e s t r i s. Hier so gut wie bei allen übrigen von

mir untersuchten Gattungen fehlen die nach vorne sich
erstreckenden Knorpelhörner.

Nach vorne und hinten von der Gelenkpfanne besitzt das
Schamsitzbein von Salamandrina an seiner äusseren Seite
einen Ausschnitt. Dieser und der halbmondförmig geschwun-
gene hintere Rand der vereinigten Seitenhälften dieses Knochens erzeugen dadurch an dem äusseren hinteren Winkel
jeder Platte eine Art von Dorn (Tuber ischii), dessen Form
in der Reihe der Urodelen sehr bedeutenden Schwankungen
zu unterliegen scheint. So finden wir ihn bei Geotriton
fuscus nicht so spitz ausgezogen, sondern quer abgestutzt,
wozu auch eine Verschiedenheit in der Sculptur des hinteren
Randes überhaupt tritt. Der vordere und mediale Rand des
Knochens ist fast vollkommen gerade; ersterer besitzt am
äusseren Winkel eine schon von den Tritonen her bekannte
knorrige Auftreibung, während letzterer in seiner vorderen
Hälfte schwach ausgeschnitten ist, wodurch der hier liegende
Zwischenknorpel an Breite gewinnt.

Die ventrale Fläche jeder Seitenhälfte ist bei Salamandrina in der Längsrichtung schwach vertieft, wodurch die
an den Zwischenknorpel sich ansetzenden, medialen Ränder
zusammt dem Zwischenknorpel leistenartig nach unten vorspringen Fig. 70. Im Gegensatz dazu ist die dorsale Fläche
zu einer förmlichen Schüssel ausgehöhlt, die nach vorne
zu an der Stelle, welche der Pars pubica entspricht, von
einem dicken Ringwulst begrenzt wird. Dieser springt weit
in das Cavum pelvis vor und erreicht am äusseren Rand,
da wo das Darmbein sich ansetzt, eine Stärke, welche ihn
überhaupt als die dickste Region des ganzen Beckens erscheinen lässt, was auch absolut nöthig ist in Anbetracht
der tief gehöhlten Gelenkpfanne, welche an seiner äusseren
Seite gelegen ist Fig. 72. Stimmt doch hiemit auch das
menschliche Becken überein, welches ebenfalls in denjenigen
Theilen, die man als Corpus ossis pubis, ischii und ilei
bezeichnet, seine grösste Stärke und Festigkeit erreicht. —
Wenn ich oben von einem äusseren Rand des Schamsitz-

beines sprach, so ist das nicht ganz genau, denn man hat
es hier nicht mit einer Kante, sondern mit einer schmalen
Fläche zu thun, (vergleiche hierüber die letztgenannte Abbildung) welche sich gegen das Tuber ischii hinunter zu
einer seichten Rinne verjüngt.

Cartilago ypsiloides. *Fig. 70. 72. C.y.*

Diese merkwürdige und, wie man bis jetzt annahm, alle
Urodelen charakterisirende hyalinknorpelige Bildung, findet
sich auch bei Salamandrina. Sie ist ebenso gestaltet, wie bei
den Tritonen und Salamandern, d. h. sie besitzt ein mittleres
unpaares und zwei Seitenstücke, in welche sich jenes an
seinem vorderen Ende gabelt. Bei Tr. cristatus erreichen
diese Seitenschenkel eine gewaltige Länge, während der Tr.
taeniatus und helveticus vollkommen mit Salamandrina übereinstimmen. In einem Punct aber differiren sie. Bei
den genannnten Tritonen nemlich fand ich constant kalkige
Incrustationen in dem unpaaren Mittelstück, was bei
allen den vielen, von mir untersuchten Exemplaren von Salamandrina nie der Fall war.

Die Cartilago dient den Muskeln der Unterbauchgegend
zum Ursprung und ist, wie ich glaube, als ein, erst secundär von der knorpeligen Pars pubica resp. deren Verlängerung zur Symphysen-Bildung abgegliedertes Gebilde aufzufassen; dafür scheint mir das Verhalten von Siredon
pisciformiş zu sprechen, da hier die genannten Theile
alle noch ein Ganzes ausmachen, während sie bei allen
Salamandrinen nur durch Syndesmose zusammenhängen.

Da mir bekannt war, dass die Cartilago ypsiloides allen
Urodelen ohne Ausnahme zukommt, musste es mir um
so mehr auffallen, dass ich bei Geotriton fuscus
hievon keine Spur zu entdecken vermochte! Dass
sie eine Rückbildung bis zum vollständigen Schwund erfahren haben sollte, ist aus zweierlei Gründen nicht anzunehmen: einmal spricht die, durch die ausgedehnte Erhal-

tung der knorpeligen Partieen sich manifestirende, niedrige
Entwicklungsstufe des Thiers überhaupt dagegen und dann
vor allem der Umstand, dass auch bei ganz jungen Exemplaren hievon ebensowenig zu entdecken ist, als bei dem
ausgewachsenen Individuum Wo also die Erklärung zu suchen
ist, ist mir dunkel geblieben, doch wäre vielleicht von der
Untersuchung der Larven, welche mir im Augenblick nicht
bei der Hand waren, noch etwas zu erwarten.

Femur. *Fig. 74. 76.*

Dies ist ein schwach S-förmig gekrümmter Röhrenknochen,
der eine obere und untere knorpelige Apophyse besitzt. Der
in die F o s s a   a c e t a b u l i hineinpassende starke Kopf besitzt
einen mützenartigen Knorpelüberzug, auf den nach abwärts
ein stark eingeschnürter Hals folgt. Dieser trägt auf seiner
Vorderfläche eine napfartige, von scharfen Rändern umsäumte
F o s s a   t r o c h a n t e r i c a von bedeutender Tiefe, an deren
Bildung sich der ebenfalls nach vorne schauende Trochanter
betheiligt. Letzterer besitzt auf seiner Oberfläche eine grubige Vertiefung, (T) welche von zwei Lippen begrenzt wird,
und diese ziehen sich in Form von zwei scharfen Leisten in
lang gezogener Spirale bis zur Mitte des Knochens herab,
wo sie sich vereinigen. Von hier an zieht eine scharfe Kante
bis zum Condylus lateralis herab, wie auch der innere Rand
des Knochens gegen den inneren Gelenk-Knorren hin zugeschärft erscheint.

In der Mitte des Femur findet sich ein grosses Foramen
nutritium, welches sich nach abwärts in eine breite Furche
fortsetzt, die sich oberhalb der unteren Apophyse zu einer,
die ganze Breite des Knochens einnehmenden F o s s a   s u p r a-
c o n d y l o i d e a vertieft. Fig. 76.

Diese Sculptur ist wohl geeignet, an die entsprechenden
Verhältnisse beim Menschen zu erinnern, wo wir an der,
von den beiden Trochanteren ausgehenden L i n e a   a s p e r a
ebenfalls zwei Labien unterscheiden, welche an der Diaphyse

sich vereinigend, nach abwärts in der Richtung der beiden
Condylen ebenfalls wieder zu divergiren beginnen.

Der Condylus internus ist ungleich stärker, als der
externus, auch ragt er, wie beim Menschen weiter hinab,
als dieser.

Die Hüftgelenk-Kapsel

entspringt von dem starken, den Pfannenrand umziehenden Limbus cartilagineus, überschreitet die Fossa tro-
chanterica und setzt sich in der Höhe des Trochanter ringsum
am Knochen fest. Eine Bildung, die einem Ligamentum
teres entsprechen würde, gelang mir nicht, nachzuweisen,
dagegen finden sich starke Faserzüge an der oberen und unteren Circumferenz der Kapsel, ohne dass man sie jedoch als
wohlgesonderte Bänder für sich auffassen könnte.

Tibia. *Fig. 77. 78.*

Sie stellt einen an der Diaphyse eingeschnürten, und in
seinem unteren Drittel plattgedrückten Röhrenknochen dar.
Der vordere und hintere Rand ist zugeschärft und ersterer
steigt gegen die obere sattelförmige Gelenkfläche unter
Bildung von zwei Lippen steil empor, wo er in einer starken
Protuberanz sein Ende findet Fig. 78. (Spina tibiae). Rechts
und links von dieser Crista fällt die äussere und innere
(vordere und hintere) Fläche des Knochens steil ab, wie dies
in der genannten Abbildung gut wiedergegeben ist. Das
Ganze macht den Eindruck, als wäre die Tibia stark um
ihre Längsaxe gedreht.

Das untere Ende erscheint, von oben betrachtet, winklig
vorspringend, wobei nur noch ein schmaler Knorpelsaum
über den freien Knochen-Rand vortritt, was darin seinen
Grund hat, dass die Hauptmasse der Gelenkfläche auf die
Unterfläche des Knochens projicirt ist, wo sie an das Tibiale
und Intermedium stösst. Zwischen Tibia und Fibula

spannt sich ein sehr lockeres L i g t. a r t i c u l a r e l a t e r a l e
aus, welches der Rotationsbewegung nur sehr wenig Ein-
trag thut.

Fibula. *Fig. 80. 81.*

Dieser ziemlich stark gekrümmte, lamellöse Knochen, wendet seine concave Fläche i n s i t u nach aufwärts, und seine
convexe nach abwärts. Fig. 81.

Nur an seinem vorderen Rand trägt er einen seiner ganzen
Länge folgenden Wulst, Fig. 80. der nach rückwärts mit
der übrigen Fläche eine tiefe Furche erzeugt, und nach oben
und unten zu einem starken Gelenkkopf anschwillt. Die obere
Gelenkfläche stellt ein Dreieck mit abgestumpften Ecken dar
und der Knorpel ist in der Richtung von oben nach unten
schwach ausgehöhlt, wobei er sich gegen die vordere Fläche
des Knochens in eine schiffförmige Grube herabzieht. Fig. 81.

Letztere geht in eine die ganze Fibula durchziehende, tiefe
Furche über, welche sich namentlich im unteren Drittel des
Knochens zu einer eigentlichen Grube vertieft. Das untere Gelenkende ist durch eine sehr starke T r o c h l e a ausgezeichnet,
welche einen dicken, radialwärts schauenden und einen
schwächeren, nach rückwärts gewendeten Knorren trägt.
Fig. 80. Der erstere erzeugt mit dem Gelenkende des Radius
eine tief einspringende Bucht, in welche das Os i n t e r m e-
d i u m eingelassen ist. Es scheint mir diese Anordnung auf
eine R o t a t i o n s b e w e g u n g des Fusses berechnet zu sein,
und ich möchte zum Vergleich an den Processus odontoideus
des E p i s t r o p h e u s erinnern; aber auch Abduction und Ad-
duction können wohl auf das I n t e r m e d i u m als Angelpunct
zurückgeführt werden, während es sich an den Ginglymus -
Bewegungen zwischen Carpus und Unterschenkel nur secundär
betheiligen würde. Diese Andeutungen hierüber mögen genü-
gen, aber ich glaube, dass es sich wohl lohnen würde, die hier
obwaltenden Bewegungsgesetze durch die ganze Amphibien-
welt zu verfolgen, wobei dann namentlich auch dem Umstand

Rechnung getragen werden müsste, dass die Längs-
Axe des Tarsus und des Fusses unter stumpfem
Winkel 'gegen die Tibia hin von der Axe des Un-
ter-und Oberschenkels abgeknickt erscheint,
was bei der oberen Extremität nicht der Fall ist. Für jetzt
möchte ich nur noch auf den einen Punkt aufmerksam machen, dass bei der ruhigen Fussstellung Fig. 7 9. Ff. nur
ein sehr kleiner Theil der unteren Fläche der Fibula, und
zwar gerade das untere spitze Ende des inneren Knorrens,
das Os fibulare berührt, was sich bei der Abduction ändert, da hier die Axe des Fusses mit derjenigen des Unter-
schenkels zusammenfällt. — Man könnte deshalb das Verhältniss zwischen Tarsus — und Unterschenkelaxe so formuliren,
dass man sagt: die Adductionsstellung der Hand
ist bei den geschwänzten Batrachiern stereotyp
geworden. (Vergl. hierüber auch. Fig. 112. 114. 117.).
Für das, was ich oben über die Rotationsbewegung sagte,
spricht auch die Thatsache, dass Tibia und Fibula gleich
unterhalb des Kniegelenks, welches durch zwei sehr starke
Ligamenta lateralia verstärkt und durch deren Ansatz
am Knochen selbst zu einem reinen Ginglymus gemacht
wird, durch straffe Bandmassen so fest aneinander gekittet
sind, dass von Seite dieser Knochen gewiss keine Bewegung
im genannten Sinne ausgeführt werden kann. Da nun letztere,
wie man sich jeden Augenblick am lebenden Thier überzeugen
kann, dennoch für den Fuss existirt, so muss man ja ganz
von selbst darauf verfallen, dieselbe von den Constructions-
Verhältnissen des Carpus abzuleiten, und wie wir sehen,
herrscht in Beziehung auf diesen Punkt allenthalben die
schönste Einheit. Bei den Perennibranchiaten, Derotremen und Salamandrinen finden wir überall den
zwischen Tibia und Fibula sich einkeilenden Zapfen des
Intermedium, nirgends aber sehe ich ihn schöner entwickelt
und weiter zwischen den beiden Unterschenkelknochen hinauf
gehen, als bei der Larve des gefleckten Landsalamanders
und bei Geotriton fuscus. Dass dies mit deren Aufenthalt

im Wasser zusammenhängt, wo namentlich die hintere Extremität bei den stossenden Ruderbewegungen, welche ohne starke Rotationsbewegung nicht ausführbar sind, sehr in Anspruch genommen wird, ist mir nicht unwahrscheinlich; jedoch gilt es, hierüber noch nähere Studien anzustellen.

Tarsus. *Fig. 75. 79.*

Er weicht von dem Tarsus aller übrigen, mir bekannten Urodelen wesentlich ab und auch in der schon oben citirten Schrift von G e g e n b a u r finde ich keine Notiz hierüber. Während S i r e d o n, S a l a m a n d r a, M e n o p o m a und G e o t r i t o n neun Tarsalstücke, nemlich ein Tibiale, Fibulare, Intermedium, Centrale und fünf Tarsalia besitzen, ist diese Zahl bei Triton cristatus, alpestris und taeniatus auf acht reducirt. Fig. 114.

Von den erstgenannten Arten stimmt S i r e d o n, M e n o p o m a und G e o t r i t o n dadurch miteinander überein, dass bei allen diesen die Tarsalia zeitlebens in knorpeligem Zustand verharren; am nächsten stehen sich aber M e n o p o m a und G e o t r i t o n, weil bei ihnen das Tarsale I. in immerwährender Berührung mit dem ersten Mittelfussknochen bleibt, was nach den Mittheilungen Gegenbaur's (l. c.) bei Siredon und Salamandra nur für das Larvenstadium gilt, indem später das Tarsale II. zum alleinigen Träger des ersten und zweiten Metatarsus wird. Auch bei den Tritonen sitzen der erste und der zweite Mittelfussknochen dem zweiten Tarsale auf, während von den übrigen Metatarsen nur noch der dritte sein eigenes Tarsale besitzt; die zwei letzten Mittelfussknochen ruhen auf einem gemeinsamen Fusswurzelknochen, den ich geneigt bin, mit G e g e n b a u r als aus der Verschmelzung des vierten und fünften Carpale hervorgegangen zu betrachten. Fig. 114.

Wie bei den Tritonen, so besitzt auch der Tarsus bei S a l a m a n d r i n a acht wohl verknöcherte Theile, welche wie dort, nur von einer dünnen Knorpelzone umzogen sind.

Während nun aber dort sowohl, als bei den beiden Landsalamandern, den meisten Perennibranchiaten und Derotremen
fünf Metatarsen auf die Fusswurzelknochen folgen, so finden sich hier, wie an der Vorderextremität nur vier, eine
Eigenthümlichkeit, welche, meines Wissens, ausserdem nur
noch für Menobranchus und Salamandra attenuata
charakteristisch ist, worauf ich auch schon früher hingewiesen
habe.

Leider bin ich nicht in der Lage, über die californische Art
bezüglich der Tarsal-Verhältnisse weitere Mittheilungen zu
machen, denn Rathke behauptet, dass es ihm « wegen der
Zartheit derselben » nicht gelungen sei, sie klar zu entwickeln! Dagegen ersehe ich aus Gegenbaur, dass sich der
Tarsus von Menobranchus aus sieben Stücken zusam-
mensetzt, wovon das erste Carpale wie bei Geotriton und
Menopoma nur geringe Beziehungen zum Metatarsale I. hat,
und dass das zweite Carpale den Metatarsus I. und II. und
das dritte das Metatarsale III. und IV. trägt. Auch der Triton
ensatus besitzt sieben Fusswurzelknochen. Der oben genannte Autor wirft die Frage auf: « ob die Beschränkung der
Tarsalia in ihrer Anzahl durch ein einfaches Ausfallen, Verschwinden eines Stückes zu Stande kam, oder durch Verschmelzung zweier entstand? » Gegenbaur neigt mehr zu
letzterem hin und wie die Verhältnisse bei Menobranchus
liegen, so bin ich gerne bereit, mich ihm hierin anzuschlies-
sen, was aber die Salamandrina betrifft, so glaube ich, dass
es sich um einen Ausfall des Tarsale V. handelt.

Die Detailverhältnisse gestalten sich hier folgendermassen:
Das Centrale stösst radialwärts an das erste Tarsale, das mit
dem Metatarsale I. nicht in Verbindung steht; nach vorne
von ihm liegen diejenigen Theile, die ich mit Tarsale II.
III. und IV. bezeichne. Davon trägt das zweite, wie bei allen
übrigen Verwandten, den ersten und zweiten Mittelfussknochen, während der dritte und vierte je mit einem Tarsale
in Gelenkverbindung treten. Der fünfte Metatarsus fehlt und
mit ihm ist auch das Tarsale V. geschwunden, denn es liegt

absolut kein Grund vor, es in dem vierten Tarsale als mit eingeschlossen zu betrachten! Anlässlich des Triton palmatus (helveticus) sagt G e g e n - b a u r, dass hier das erste Tarsale mit einem Theil des ersten Metatarsale noch in Verbindung stehe. Ich kann dies nicht bestätigen und finde, d a s s   d e r   T a r s u s   d i e s e s T h i e r s   ü b e r h a u p t,   g a n z   g e w a l t i g   v o n   d e m   a l l e r übrigen   U r o d e l e n   a b w e i c h t,   i n d e m   h i e r   e i n e s o l c h   a u s g e d e h n t e   V e r s c h m e l z u n g   d e r   e i n z e l - n e n   S t ü c k e   s t a t t f i n d e t,   d a s s   s i c h   i h r e   Z a h l   a u f f ü n f   r e d u c i r t! Das T i b i a l e ist mit dem Tarsale I., das I n t e r m e d i u m mit dem C e n t r a l e verschmolzen und das dritte, vierte und fünfte T a r s a l e ist zu e i n e m grossen Stücke zusammengeschmolzen, das an das zweite T a r s a l e, das F i b u l a r e und das I n t e r m e d i o - c e n t r a l e stösst. Dem T a r s a l e II. sitzen der erste und der zweite, und dem vereinigten T a r s a l e III. IV. V. die übrigen drei Mittelfuss-knochen auf. Fig. 113.

Ich weiss hiefür aus der Reihe der geschwänzten Amphi-bien kein Homologon anzuführen, und glaube, dass man am ehesten noch den C a r p u s von R a n a   t e m p o r a r i a zum Vergleich herbeiziehen darf, während sich die C h e l o n i e r doch schon weiter davon entfernen, indem hier die Tarsalia, in den meisten Fällen wenigstens, noch wohl differenzirt bleiben und die Verschmelzung mehr die übrigen Fusswurzelknochen betrifft.

Für die Configuration der Phalangen gilt ganz dasselbe, was ich oben von der Hand mitgetheilt habe, weshalb ich darauf verweise. Ebenso verhält es sich mit der Zahl derselben.

Schliesslich gedenke ich noch eines Falles, den ich bei T r i t.   c r i s t a t u s beobachtete. Ich fand nemlich aus der ersten Phalanx der vierten und der dritten Zehe eines aus-gewachsenen Thieres eine zweite Zehe mit je zwei äusserst feinen Phalangen hervorgesprosst, was mich an und für sich nicht befremdet hätte, da seit S i e b o l d's Untersuchungen « d e S a l a m a n d r i s   e t   T r i t o n i b u s » bekannt ist, dass nach

Setzung einer Wunde die Reproductionskraft dieser Thiere
geradezu zu einer Hyperproduction gewisser Theile führt,
wenn ich nicht zugleich eine Vermehrung der Tarsal-Knochen
bis auf neun beobachtet hätte. Jeder Metatarsus sass
einem eigenen Tarsale auf und es war dadurch für
das Thier gewissermassen ein zweiter Larvenzustand gegeben.

Salamandrina perspicillata.

Tractus intestinalis.

Im Gegensatz zu den verwandten Arten fällt bei der Betrachtung des Daches der Mundhöhle vor allem dessen tiefe
Höhlung, namentlich unterhalb der Regio nasalis in die Augen.
Bei Oe Fig. 118. sieht man die Schleimhaut gegen die Intermaxillar-Höhle hinauf grubig vertieft, und hebt man sie von
ihrer Unterlage sorgfältig ab, um sie auf dem Objektträger
auszubreiten, so wird man die Mündungen der Intermaxillar-
Drüse gewahr. Leydig (Untersuchungen über Fische und
Reptilien) sagt über diese Drüse folgendes: « Wie ich sehe,
besitzen auch die Batrachier eine entwickelte Drüse,
die in die Kategorie der Lippen - und Kieferdrüsen der Ophidier und Saurier gehört und von Niemand bisher beachtet
worden zu sein scheint (¹). Ich kenne sie beim Frosch und

(¹) *Anmerkung.* Ich erlaube mir hiezu folgende Bemerkung Schlegels
aus der Fauna japonica über die Salam. unguiculata anzuführen: « en enlevant la peau du bout du museau on trouve chez cette espèce
une glande assez considérable, de forme ovale: la présence de cette glande,
que je n'ai pas observée dans les autres Salamandres, détermine la disposition différente des os de la partie antérieure du crâne, disposition également
propre à la seule espèce du présent article. Elle consiste principalement dans
le déplacement de l'intermaxillaire, dont les deux branches mon-
tantes sont séparées par un intervalle assez large, tendu
par une membrane, sur laquelle repose la glande ro-
strale, dont nous venons de faire mention ». Ich glaube,
dass kaum ein Zweifel darüber existiren kann, dass damit das in Frage
stehende Gebilde gemeint ist.

Landsalamander als unpaaren, gelblichen oder weisslichen
Körper, der an der Schnauzenspitze in der Vertiefung zwischen
den beiden Nasenhöhlen, unmittelbar unter der Haut liegt.
Bei weiterer Untersuchung sieht man, dass sie aus l a n g e n
D r ü s e n s c h l ä u c h e n besteht, die gewunden und innen von
einem Cylinderepithel überzogen sind. Die Zellen des Epithels
messen bis 0,0120''' in der Länge, haben ausser ihrem rundlichen Kern einen sehr feinkörnigen, blassen Inhalt und sind
so zart, dass sie nach Wasserzusatz bald zu Grunde gehen
und nur der Kern sich erhält. Die Drüse mündet mit zahlreichen Gängen, die, wie ich einmal gesehen zu haben
glaube, flimmern, vor den Gaumenzähnen in die Mundhöhle ».

Das von L e y d i g Gesagte scheint mir wörtlich auch auf
S a l a m a n d r i n a angewendet werden zu können; ich füge
nur noch bei, dass die Schläuche zusammengeknäuelt sind,
und dass die Zellen sich durch einen äusserst fein granulirten
protoplasmatischen Leib mit excentrisch sitzendem, auffallend
grossem Kern auszeichnen. Ferner besitzen sie einen stark
lichtbrechenden H a c k e n f o r t s a t z, ähnlich dem der Drüsen-
zellen im Kaumagen der Vögel, worüber ich an einem andern
Ort Mittheilungen veröffentlicht habe. Auch finde ich überein-
stimmend damit das dachziegelartige Sichdecken der Hackenfortsätze. Wie sich die Trigeminus-Zweige, welche, wie oben
bemerkt, fast die ganze Länge des Intermaxillar-Raumes
durchsetzen, zur Drüse verhalten, muss ich vorderhand
dahingestellt sein lassen; ebenso werde ich den Olfactorius
in seinen früher angedeuteten Beziehungen zu der Zwischenkieferhöhle einer wiederholten Prüfung unterwerfen.

Die Bulbi (Fig. 118. B. B.) drängen die Mundschleimhaut
nicht sehr weit herein und stossen nach vorne an die Choanen
(Ch). In der Mitte zwischen beiden liegen die nach rückwärts
divergirenden Zahn-Reihen des V o m e r o - P a l a t i n u m. Die
platte, sammtartige Zunge ist vorne am Unterkiefer festgewachsen, während ihre untere Fläche sonst f r e i liegt; nach hinten besitzt sie einen mehr oder weniger stark ausgeschweiften,

freien Rand. Auch an den Seiten habe ich bei diesem und
jenem Individuum leichte Einkerbungen bemerkt. (Fig. 118. Z).
Ueber ihre ganze Oberfläche zerstreut finde ich eine Menge
kleiner, regellos angeordneter Drüschen, die wohl eine, für
das Erhaschen der Beute günstig wirkende zähe Flüssigkeit
abzusondern bestimmt sind. Die ganze Mundhöhle wird von
einem Cylinder-Epithel ausgekleidet, das wohl in frischem
Zustand Flimmerhaare trägt. Was den Mechanismus der Zunge
betrifft, so ist er wohl derselbe wie bei unsern einheimischen
Salamandrinen, jedoch dürfte sich das Organ, der sehr kleinen Vorwachsungsstelle halber, einer viel freieren Beweglichkeit beim Herausklappen erfreuen, als bei letzteren, wo
sie am Boden der Mundhöhle in beträchtlicherer Ausdehnung
festgewachsen ist. Dazu kommt noch, dass ihr die, in die
freien Seiten-Ränder eingewachsenen, vorderen Zungenbeinhörner eine Stütze bieten, wie sie von den analogen, winzig
kleinen Bildungen unserer Salamandrinen nicht entfernt ge-
leistet werden kann. Abgesehen davon, wohnt auch diesen
hyalinen Theilen eine federnde Kraft inne, welche die heraus-
geschnellte Zunge in die alte Lage zurückzubringen geeignet
ist, wodurch die Wirkung der Retractoren noch wesentlich
verstärkt wird. Im Uebrigen stimmt der hiebei in Betracht
kommende Muskelapparat vollkommen mit dem von Salam.
mac. überein, weshalb ich ihn wohl füglich übergehen
kann.

Ueber die Beschaffenheit des Larynx ist an Spiritus-Exemplaren, wo die Gewebe theilweise lederartig hart geworden
sind, sehr schwer in's Klare zu kommen. Was ich mit Sicherheit erkannt habe, ist folgendes: der weit nach rückwärts
liegende Aditus ad laryngem ist von zwei wulstigen Lippen
der Schleimhaut umgeben, welche die nach vorne birnförmig
sich zuspitzenden Ary-Knorpel einschliessen. Vom Kehlkopf
gehen zwei wohl gesonderte Brönchien aus von ziemlich
derber Struktur, in denen ich knorpelige Elemente erkannt
zu haben glaube. Ueber die Lungen selbst war es in Anbetracht der Umstände unmöglich, Untersuchungen anzustellen,

ebenso über das Gefässystem. Sobald ich wieder im Besitz
lebender Thiere sein werde, will ich diese Verhältnisse
studiren.

Ueber das schwer aufzufindende Os thyrcoideum habe
ich schon früher berichtet, weshalb ich hier nur noch bemerken will, dass von ihm aus nach vorne Muskeln zum
Zungenbein-Apparat gehen, wie auch rechts und links an den
Ary-Knorpeln Muskeln entspringen, die ich als Dilatatoren
des Kehlkopf-Einganges deute. Seitlich von der kleinen Strecke,
welche zwischen dem Os thyreoideum und den Cartilagines
aryt. liegt, findet sich die paarige Glandula thyreoidea. Sie zeigt sich, was schon Leydig (1. c.) bemerkt,
den vom Herzen nach vorne gehenden starken Gefässen dicht
angelagert, so dass man, wenn bei der Herausnahme des
Organs die nach rückwärts von ihm liegenden Gefässab-
schnitte abgerissen und nur die vorderen in ihrer festen
Verbindung mit der Drüse erhalten sind, auf den ersten
Anblick an eine Submaxillar-Drüse mit langen Ausführungsgängen denken könnte. Damit würden auch die dicken Bin-
degewebsbalken stimmen, welche das ganze Organ mit
einem Netzwerk umspinnen, was ich Leydig gegenüber
hervorheben möchte, der bei Triton punctatus zu andern Ergebnissen gelangt sein muss, wenn er sagt: « Bei
Trit. punctatus sieht man in der Kehlgegend an den zur
Zunge laufenden Gefässen paarig ein durchscheinendes,
kleines Knötchen und wird dieses mikroskopirt, so zeigt
es einen Bau, der vollständig mit dem der Schilddrüse von
Säugethieren übereinstimmt: es besteht aus schönen geschlossenen Blasen, mit wenig Bindegewebe dazwischen;
die Blasen sind innen ausgekleidet von einem einfachen Epithel und das Lumen der Blasen ist erfüllt von einer klaren
Flüssigkeit. Dass man damit die Schilddrüse des Thiers vor
sich habe, wird Niemand, der die Glandula thyreoidea des
Menschen und der Säugethiere mikroscopisch kennt, bean-
standen ». Ich habe dieses Gebilde bei allen von mir untersuchten Urodelen, und überall von derselben ovalen oder

auch birnförmigen Gestalt (Fig. 119.) gefunden. Leydig spricht davon auch bei Knochen - und Knorpelfischen.

Der Pharynx und Oesophagus, welche beide zusammen, wie bei allen Verwandten, sehr kurz sind, besitzen eine derbe längsgefaltete Wand, die sich durch den Reichthum von quergestreiften Muskel-Zügen charakterisirt, ein Umstand, der sehr hervorgehoben zu werden verdient, da dies sonst nur als eine Eigenthümlichkeit der Fische gilt. Leydig fand bei allen von ihm untersuchten nackten und beschuppten Reptilien — und dies ist eine grosse Menge! — nur eine glatte Schlundmuskulatur. Ramorino spricht auch von dem « kurzen und ziemlich weiten Oesophagus » sagt aber: « die Längsfalten setzen sich auf den Magen fort ». Ich habe dies dahin zu berichtigen, dass die dicht neben einander liegenden Längsfalten des Oesophagus sich an der Cardia zu fünf bis sechs, ebenfalls in der Längsaxe liegenden Wülsten vereinigen, welche erst gegen die Valvula pylorica zu niedriger werden, um auch das Duodenum noch in seiner ganzen Länge zu durchziehen. Der muskelstarke Magen liegt genau in der Sagital-Ebene und wird von der Leber von unten her ganz überlagert (Fig. 122.) und nicht nur seine rechte Seite, wie Ramorino meint. Seine Form, von der der übrigen Salamandrinen wenig oder gar nicht verschieden, ist langgestreckt spindelartig, mit allmäliger Verjüngung gegen das Duodenum zu, und misst beim ausgewachsenen Thier 11. Mm. Der Uebergang ins Duodenum erfolgt unter starker Krümmung.

Letzteres geht mit seiner ersten Windung gegen den unteren Rand der Leber und darauf nach links und hinten gegen die Wirbelsäule zu, wo es durch eine Bauchfellfalte aufgehängt ist. Von hier an erzeugt nun der Dünndarm 5-6. Schlingen und erweitert sich erst 8. Mm. vor der Cloake zum Dickdarm, oder besser gesagt, zum Rectum. Im Gegensatz zu Trit. alpestris, wo der Mastdarm eine einseitige, asymmetrisch liegende Auftreibung repräsentirt, zeigt er hier eine, nach allen Seiten gleichmässig ausgedehnte Spindelform.

Vergl. hierüber Fig. 129. - Fig. 122. stellt ein Weibchen dar, das
zur Paarungs-Zeit eingefangen, nach der Eröffnung, vom Darm
nur einen ganz kleinen Abschnitt des Rectum bei R. erkennen
lässt. Der ganze übrige Darm wird rechts von dem Ovarium
(Ov) und links vom Oviduct, (Ovd) in welchem reife Eier (O)
liegen, überlagert, nur oben in der Spalte zwischen beiden
Leber-Lappen erscheint noch ein Theil des Duodenum. (D)
Der ganze Darmtractus vom Pharynx bis zur Cloake misst
in gestreckter Stellung circa 8 Centim.

Die ganze Innenfläche des Magens besitzt ein D r ü s e n s t r a-
t u m , das sich über den ganzen Darm bis zum Rectum fortsetzt; die sackförmigen Drüschen liegen im Magen dicht
beisammen, eingelagert in ein zierliches Netz von Bindegewebe und man kann ihre Mündungen schon mit der Lupe
in Form von feinsten Poren erkennen, was noch deutlicher
der Fall ist beim Duodenum, welches zartere Wände besitzt,
als der Magen. Hier sowie im übrigen Darm stehen die Drüsen
weiter von einander, sind also durch mehr Zwischensubstanz
getrennt.

Das M e s e n t e r i u m , namentlich aber das M e s o r e c t u m
besitzt ansehenliche Züge von glatten Muskelfasern, was L e y-
d i g auch für den Land-und Wassersalamander constatirt. Das
Rectum besitzt eine enorm starke Muskulatur, bei der namentlich die Ringfasern vorschlagen; die Schleimhaut zeigt sich
hier, wie im Magen, zu hohen Längsfalten erhoben, auf
welchen ganze Reihen von Drüsen sitzen, während die
Buchten zwischen den Falten davon frei zu sein scheinen.

Leber & Milz.

Diesen beiden Organen habe ich rücksichtlich ihrer fei-
neren Struktur keine genauere Aufmerksamkeit geschenkt. —
Die L e b e r zeigt sich als ein langgestreckter, nach unten
in zwei Zipfel auslaufender Körper, der unmittelbar nach
hinten vom Herzen beginnt und mit seiner Längsaxe nach rückwärts ziehend die Mittellinie des Cavum abdominis um ein

Beträchtliches überschreitet. Bei Salam. mac. und atra, sowie bei Triton cristatus und taeniatus finde ich sie im Verhältniss zur Länge etwas mehr in die Breite entwickelt und ihren linken Rand nicht so stark eingekerbt, wie dies bei Salamandrina der Fall. Fig. 122. Die mehr oder minder stark ausgesprochene Spaltung in zwei Lappen, namentlich die stärkere oder schwächere Verjüngung des linken scheint mir bedeutenden individuellen Schwankungen unterworfen, wie sich auch hierüber bei Fischen, Amphibien und Reptilien überhaupt keine bestimmten Gesetze aufstellen lassen. Es finden sich zwei Gallengänge, die sich zu einem vereinigen, welcher in den einen Ductus pancreaticus mündet, ehe dieser sich ins Duodenum einsenkt. Die Gallenblase zeigt gegenüber den übrigen Salamandrinen nichts Besonderes.

Die Milz ist birnförmig, an ihrem oberen Ende abgerundet, an ihrem unteren stielartig ausgezogen; sie ist durch das Ligt. gastro-lienale an der linken Seite des Magens aufgehängt. Fig. 129. Mi. Von diesem Ligament geht ein Strang unten und hinten zum Ovarium, von wo aus weitere Fixations-Bänder nach vorne zum Schwanz-Ende des

Pancreas

laufen. Letzteres ist blattartig dünn, besitzt eingekerbte Ränder und liegt in der Duodenal-Schlinge, mit breitem Kopf diesem Darmtheil angelagert. Zwei Ausführungsgänge sind zu beobachten, von denen der eine, wie oben bemerkt, den Gallengang aufnimmt.

Uro-genital-System.

Unter circa 80. Exemplaren, die mir im Laufe des letzten Jahres durch die Hände gingen, fand sich ein einziges Männchen, und zudem so schlecht conservirt, dass es nicht zu gebrauchen war. Dies stimmt auch mit den oben citirten Nachrichten von Ramorino überein. Alle, oder doch we-

nigstens 9 5. Procent der zur Paarungszeit eingefangenen
Exemplare waren Weibchen. Wo stecken die Männchen im
Frühjahr?

Meine Untersuchungen erstrecken sich daher nur auf
weibliche Salamandrinen, doch lässt mich die hiebei erzielte,
fast vollkommene Uebereinstimmung mit unseren vier deutschen Tritonen-Arten vermuthen, dass auch das Männchen
wenige oder keine Abweichungen zeigen wird ([1]).

Die Nieren

repräsentiren zwei, dicht an der Wirbelsäule liegende, lang
gestreckte Körper, die, sich nach vorne haarfein zuspitzend,
die Mitte des Rumpfes noch überragen. Ihr hinteres Ende
verdickt sich allmälig und zeigt sich hinter der Cloake kolbig
abgerundet. Fig. 129. N. und Fig. 131. Na. Nb.

Dieses verdickte Ende ist wie abgeschnürt, und zwar links
immer auf eine längere Strecke als rechts Fig. 131. Mit andern Worten: die Niere jeder Seite ist in zwei Abschnitte getheilt, die vollständig von einander getrennt
sind und eine sehr ungleiche Ausdehnung besitzen. Der vordere, spitz ausgezogene Abschnitt übertrifft den hinteren, links
ungefähr um das Dreifache, rechts um das Vierfache, ein
Verhältniss, das meines Wissens bei den übrigen Salamandrinen nicht beobachtet wird. Anfangs war ich geneigt, die
zwei hinteren Nieren-Abschnitte für eine der Cloaken - Drüse
der männlichen Urodelen analoge Bildung zu halten, musste
aber bei der ersten mikroskopischen Prüfung davon absehen.
Die Ausführungsgänge der Nieren liegen, wie beim Landsalamander, an der Aussen - (convexen -) Seite und münden
hier in den Ureter ein, der sich in die Oviducte, kurz vor

([1]) *Nachträgliche Anmerkung.* Diese Vermuthung hat sich, wie ich jetzt,
nachdem mir diese Arbeit fast ganz gedruckt vorliegt, an mehreren frisch
eingefangenen Exemplaren constatiren kann, nicht ganz bestätigt. Ich
werde mir an einem andern Ort Gelegenheit nehmen, darauf zurückzu-
kommen.

deren Ausmündung in die Cloake, einsenkt. Ich will noch
hinzufügen, dass man die Harngänge nicht nur von dem
vorderen, sondern auch vom hinteren Abschnitt der
Niere in den Ureter eintreten sieht. Eine Andeutung
dieses Zerfalls der Niere beobachtet man bei
Cheloniern, Sauriern und Ophidiern; alle diese
besitzen bekanntlich seichtere oder tiefere Quer-
Einschnitte, die bisweilen ganz durchgehend
gefunden werden z. B. bei Boa murina. Denkt man
sich den vorderen Abschnitt bei Salamandrina hinweg,
so erinnert der hintere ganz und gar an die Niere der
Ascalaboten.

Die Harnblase

entspringt mit schlankem Hals als Aussackung der Cloake und
schwillt zu einer birnförmigen Blase an, die auf ihrem
Scheitel eine seichte Furche besitzt. Es ist dies die Andeutung eines Zerfalls in zwei Hörner, wie sie vom Landsalamander und den Tritonen bekannt geworden ist. Der Blasen-
stiel liegt, wenn man sich das Thier auf dem Rücken liegend
denkt, am meisten nach oben und zugleich etwas nach links
von der Rectal-Oeffnung. Fig. 132. Bl. Bei S. sieht man die
über den Scheitel weglaufende Furche; Blasenhals und Rectum sind absichtlich etwas von einander abgezogen. Nach
unten von beiden münden

Die Oviducte

auf zwei Papillen aus. Diese gehen stark geschlängelt nach
vorne, wo sie in der Halsgegend eine trichterartige Oeffnung
besitzen. Fig. 129. und 132. bei Ovd. und Int. ovd. Zur Zeit
der Eierablage findet man sie mit Eiern förmlich vollgepfropft,
ein Umstand, der an Salamandra maculosa erinnert, während
die Tritonen zu derselben Zeit nur wenige Eier auf einmal
in der Tuba beherbergen. In der Grösse der Eier schliessen

sie sich jedoch an die Tritonen an, während die Art der
Ablagerung, wie oben bemerkt, mehr an die ungeschwänzten
Batrachier erinnert. In wechselnder Anzahl z u K l u m p e n
g e b a l l t, die unter sich durch schnurartige Verlängerungen
der die Eier umhüllenden Gallerte verbunden sind, hängen
sie entweder an Wasserpflanzen oder an ins Wasser gefal·
lenen Zweigen fest; Fig. 139. auch an Steinen habe ich sie
befestigt gefunden.

Die Ovarien

sind traubige, länglicht ovale Körper, welche, in eine Bauch-
felltasche eingeschlossen, rechts und links von der Wirbelsäule liegen. Sie sind auf der Fig. 129. weggelassen, da ich
im Vergleich mit unsern einheimischen Salamandrinen nichts
wesentlich Neues hätte bieten können. Die Salamandrina gehört zu den wenigen Arten der Urodelen, welche in der
Cloake eine P a p i l l a g e n i t a l i s besitzen Fig. 132. bei L.
Die von S i e b o l d entdeckten schlauchförmigen « R e c e p-
t a c u l a s e m i n i s » sind auch hier in zwei Gruppen vorhanden; jedoch gelang es mir nicht, in ihnen Zoospermien zu
entdecken. Letztere lagen frei in der Cloake. Diese ist beim
Weibchen von einem Kranz kleiner, schlauchförmiger Drüsen umgeben, welche in den die Spalte begrenzenden Lippen
gelegen sind, und erst beim Auseinanderziehen der letzteren
deutlich zum Vorschein kommen Fig. 132. Von der Mündung
der Oviducte zieht sich jederseits eine tiefe Spalte nach
abwärts, wodurch rechts und links von der Genitalpapille
zwei Lappen von der Cloakenwand abgegliedert werden (L),
welche in ihrer Form an die Labia minora der Säuger
erinnern.

Vom Gehirn

ist ebenfalls wenig zu berichten; seine einzelnen Abtheilungen
sind in ziemlich gleicher Weise differenzirt, wie beim L a n d -

und den Wassersalamandern.; nur in der gegenseitigen
Lagerung finden sich kleine Differenzen, insofern das Cerebellum bei Salamandrina weiter unter das Corpus qua-
drigeminum nach vorwärts geschoben erscheint, als bei
Triton cristatus und Sal. maculata. Die Hemisphären sind
nur durch eine schmale Commissur verbunden, während die
Ausbildung der Vierhügel viel vollkommener ist, als bei
letzteren. Am meisten entfernt es sich von dem Gehirn des
Trit. alpestris, indem hier die Gruppe des Mittelhirns weit
nach vorne zwischen die divergirenden Hemisphären hineingeschoben ist; zugleich wird das Cerebellum vom Corpus quadri-
gem. nach hinten zu noch weiter überlagert, als dies bei
Salamandrina der Fall ist, entfernt sich also noch mehr vom
Fisch-Typus, als letzteres. Fig. 125. 126. 127. gibt die Ansicht
des Gehirns der Salamandrina von der Seite, von unten,
und von oben. Bei letzterer Ansicht ist die Zirbel-Drüse
weggelassen.

Die Haut.

Schon bei der allgemeinen Charakterisirung des Thiers
erwähnte ich, dass die äusseren Bedeckungen durch einen unge-
meinen Reichthum von grossen Papillen ausgezeichnet seien.
Dieselben übertreffen die analogen Bildungen des Triton cristatus, der unter den deutschen Tritonen und Salamandern
das rauheste Kleid besitzt, an Grösse um das Doppelte
und Dreifache. Fig. 121. und 132. Aber nicht nur diese
Bildungen unterscheiden die Haut von derjenigen verwan-
dter Gattungen, sondern auch die ausserordentliche
Dicke der Cutis überhaupt. Der Grund davon liegt,
was auch Ramorino ganz richtig hervorhebt, in der
mächtigen Epidermis-Schicht. « Diesem Umstande ist es
zuzuschreiben, dass das kaum gestorbene Thierchen statt zu
verfaulen, schnell austrocknet und mumificirt erscheint.
Wenn das Lacepède gewusst hätte, so würde er die
Ursache der Vertrocknung des von ihm untersuchten (auf

dem Vesuv gefangenen) Exemplars nicht der Wärme der Lava zugeschrieben haben.

Die unterliegenden Muskelschichten haften fast untrennbar fest an der Haut, was namentlich für den Boden der Mundhöhle gilt. Ueber den ganzen Körper finden sich dicht gedrängt liegende Hautdrüsen, wie sie auch bei den übrigen Salamandrinen vorkommen; sie sind von wechselnder Grösse und passen immer in eine von der Epidermis gelieferte Papille oder Kuppel Fig. 137. hinein. Auf dem Scheitel der letzteren findet sich eine Epidermiszelle, welche die zunächst liegenden an Grösse übertrifft, und eine, wie gerissen aussehende, oder auch hie und da ovale Oeffnung besitzt, durch die das Drüsensekret abfliessen kann. Leydig (« Ueber Organe eines sechsten Sinnes ») sagt: « Jüngst habe ich dargethan, dass auch bei der Gattung Triton, entsprechend den Verhältnissen bei Salamandra, an bestimmten Stellen des Kopfes und an der Seite des Leibes grosse Drüsen vorkommen, in einer Vertheilung, welche an die Stellen der Oeffnungen der Schleimkanäle und Gallert-Röhren bei den Fischen erinnert ».

Dieselben grossen Drüsen nun kann ich auch bei der Salamandrina notiren, ohne dass man jedoch, wie oben bemerkt, von eigentlichen, äusserlich wahrnehmbaren Parotiden sprechen könnte. — Das Pigment liegt am Rumpf im Corium, am Nacken jedoch und am Kopf in den Epidermiszellen. An der Fig. 121. sieht man an der oberen Grenze der Vola manus rechts und links eine papillenartige Hervorragung. (W. W.). Es handelt sich hier nicht, wie man etwa glauben könnte, um Drüsen oder Fingerrudimente, sondern um einfache Verdickungen der Epidermis d. h. um eine Art von Schwielen-Bildung.

Es finden sich diese Knötchen an allen vier Extremitäten beider Geschlechter und es ist somit auch schon aus diesem Grunde an kein Analogon der sogenannten « Daumendrüse » des Frosches zu denken. Leydig (« die Molche der württemb. Fauna ») erwähnt ähnliche Bildungen bei den Tritonen.

11

Das Muskelsystem.

Ich habe hiemit nur einen kleinen Anfang gemacht, bin
aber gleich von weiteren Untersuchungen abgestanden, da
ich sofort erkannte, dass ich das, was Fürbringer über
die vergl. Anatomie der Muskulatur von Salam. maculata
mitgetheilt hat, fast wörtlich wiederholen müsste; so wenig Unterschied fand ich hierin zwischen beiden Thieren, was
auch eigentlich von vorne herein zu erwarten war.

GEOTRITON FUSCUS.

Tractus intestinalis.

Mundhöhle, Pharynx und Oesophagus besitzen
ein sehr hohes Cylinder-Epithel mit grossen ovalen Kernen.
Die Zellen nehmen hie und da Spindelform an und besitzen
Cilien von so bedeutender Resistenz, dass sie noch an mehrere
Iahre alten Spiritus-Exemplaren gut studirt werden können.
Vorne zwischen den beiden Platten des Vomer ist wie bei
der vorigen Gattung eine seichte Delle sichtbar, als Andeutung der hier einmündenden Zwischenkiefer-Drüse. Letztere ist
hier mächtiger entwickelt, als bei irgend einer andern, von
mir untersuchten Salamandrinen-Art. Sie beschränkt sich in
ihrer Lage nicht allein auf die Zwischenkieferhöhle, sondern
überschreitet dieselbe nach vorne da, wo die aufsteigenden
Fortsätze des Os intermaxillare einen tiefen Ausschnitt
besitzen. Sie kommt hier, wie oben bemerkt, unter
die Haut der Schnauzenspitze zu liegen und breitet
sich zum Theil noch am zahntragenden Rand des in Frage
stehenden Knochens gegen die Apertura nasalis externa
hin aus.

Die Zunge ist rundlich oval, ringsum frei beweglich, und sitzt auf dem Zungenbeinkörper, wie ein Pilz auf
dem Stiele auf. Vergl. hierüber die Abbildung in Schreiber's
« Herpetologia europaea » Pag. 66. Den bei der Bewegung der Zunge in Frage kommenden, äusserst sinnreichen
Muskel-Apparat werde ich später abhandeln.

Der kurze aber sehr weite Oesophagus besitzt wie bei
den übrigen Urodelen glatte Muskelfasern; diese sind aber
namentlich stark entwickelt an dem Ringwulst, der die
Mundhöhle vom Pharynx scheidet, und der einen eigentlichen
Isthmus faucium repräsentirt. Dazu kommt noch die
merkwürdige Thatsache, dass ich an einem Individuum von
der oberen Circumferenz dieses Wulstes eine lappenartige Bildung, die an den Seiten symmetrisch ausgeschnitten war, frei in die Höhle des Pharynx herabragen sah. Sie
erinnerte nach Form und Lage vollkommen an die menschliche Uvula.

Der in seiner äusseren Form von den verwandten Arten
nicht abweichende Magen ist durch eine derbe Muskelschicht charakterisirt, welche wohl mit der schon früher angedeuteten Art der Nahrung zusammenhängt. Zieht man diese
Muskellage ab und breitet die Schleimhaut auf dem Object-
träger aus, so sieht man schon mit schwacher Lupen-Vergrösserung eine ungeheure Anzahl nahe aneinander liegender
Drüschen mit freiem Lumen, die sich auch in geringerer Anzahl auf das Duodenum fortsetzen. Die Aussenwand des Magens, resp. das sich an ihm festsetzende Peritonäum ist stark
pigmentirt, doch nicht in dem Grade, wie der übrige Darm,
der mit Ausnahme des fast ganz pigmentlos erscheinenden
Duodenum eine intensiv schwarzbraune Farbe besitzt.

Der Mastdarm ist blasig aufgetrieben und übertrifft in ge-
fülltem Zustand an Volum sogar den Magen. Die Muskelwan-
dung des letzteren hört mit dem Beginn des Duodenum wie
abgeschnitten auf und man könnte in Anbetracht der unge-
meinen Zartheit des letzteren versucht sein zu glauben, es
entbehre jeglicher Muskulatur, wenn man durch das Mikros-

kop nicht vom Gegentheil überzeugt würde. Dass die Darm-
wandungen überhaupt eine ausserordentliche Elasti-
cität besitzen müssen, beweist der Umstand, dass ich im
Rectum ganze Mengen von chitinharten Brustpanzern der
verschiedensten Käfergattungen vorfand, die das Lumen des
ungefüllten Duodenum z. B. um mehr als das vierfache an
Dicke übertrafen ([1]). Die in einem zierlichen Netz von Bindege-
websfasern eingestreuten, drüsenähnlichen Bildungen des Duodenum setzen sich, immer spärlicher werdend, bis zum Beginn
des Rectum fort, dessen Wände keine Drüsen mehr besitzen.

Die Leber

ist im Verhältniss zu ihrer Länge breiter als bei Salamandrina
und besitzt statt der, fast allen Batrachiern und Urodelen
eigenthümlichen, schwarzbraunen Färbung, ein helles, gelblich graues Colorit. Sie ist nach unten, wie bei den Uebrigen,
in zwei Lappen gespalten, von denen der linke weiter nach
abwärts ragt und spitzer ausgezogen ist, als der rechte. Der
linke Leber-Rand zeigt sehr tief gehende Einkerbungen,
welche jedoch grossen individuellen Schwankungen unterliegen. Wie bei der Salamandrina liegt auch hier die Gallenblase am untern Leberrand in der Incisur zwischen beiden
Lappen. Sehr abweichend von den übrigen Urodelen verhält
sich die Leber darin, dass sie nicht wie z. B. bei Salamandrina ein so ziemlich in einer Horizontal-Ebene liegendes,
oder auch schwach gewölbtes Blatt vorstellt, sondern einen
Hohlkegel, der, Magen und Milz nach beiden Seiten und
hinten umgreifend, nur dorsalwärts in der Gegend der Wirbelsäule in der ganzen Länge offen erscheint. Ueber die Milz
und das Pancreas weiss ich nichts Wesentliches mitzuthei-
len; sowohl ihre äussere Form, als Lagebeziehungen stimmen
mit den einheimischen Salamandrinen überein.

([1]) Ich schalte hier die Bemerkung ein, dass auch der an der Riviera so
häufig vorkommende Scorpion eine Lieblingsnahrung des Geotriton zu
bilden scheint!

Männliches Uro-genital-System.

Die Hoden stellen zwei länglicht ovale, vorne und hinten sich rasch verjüngende Körper von 10-11. Mm. Länge dar. Fig. 123. H. Ihre ganze Aussenfläche ist von netzartig angeordneten Furchen durchzogen, welche von schwarzem Pigment ausgekleidet sind; dadurch entsteht ein zierliches Maschengefüge mit eingelagerten schwach convexen Höckerbildungen, so dass das Ganze an eine Maulbeere erinnert. Eine auffallende Aehnlichkeit damit zeigt die Niere des jungen weiblichen Delphin auf der Abbildung in Gegenbaur's vergl. Anatomie. Diese höckerige Beschaffenheit ist allen Molchen eigenthümlich, dagegen zeigt die äussere Form im Grossen und Ganzen bei verschiedenen Verwandten bedeutende Abweichungen; ich erinnere nur an Salam. macul., wo der Hoden in verschieden zahlreiche Lappen zerfallen ist, die unter sich durch schmale Brücken zusammenhängen; auch verbinden sich hier die Organe beider Seiten « durch ein graues fadenförmiges Endstück », worauf Leydig (l. c.) schon aufmerksam macht. Ein solches findet sich auch bei Geotriton, geht aber nicht medianwärts, sondern nach vorne und aussen, um sich mit dem später zu erwähnenden Endfaden des Harnsamenleiters zu verbinden. Fig. 123. Bs. Aus der lateralen Seite des Hodens entspringen die Vasa efferentia V. e., welche sich in das vordere Endstück der Niere (P. a.) einsenken. Letztere zeigt ein, von allen von mir untersuchten Urodelen verschiedenes Verhalten, insofern sie, wenige Millimeter über der Cloakendrüse angefangen, dem Harnsamenleiter in Form eines dünnen durchsichtigen Saumes fast untrennbar fest anliegt. Mit unbewaffnetem Auge ist sie ihrer ausserordentlichen Feinheit wegen nicht zu sehen und man könnte auf den ersten Anblick versucht sein, bei V. schon ihr Ende anzunehmen. Erst wenn man mit einer starken Lupe zu Hülfe kommt, wird man gewahr, dass sie noch weiter nach vorne ragt, als der Hoden,

und dass sie auf dem Weg dahin an verschiedenen Stellen
(NN) nach der Wirbelsäule zu blindsackartige Auftreibungen
macht, welche die bekannten verschlungenen Harnkanälchen in
sich bergen. Diese sind namentlich schön sichtbar am vorderen
Ende, (P. a.) welches mit dem hier unpigmentirten Harnsamenleiter ein Continuum zu bilden scheint, und in seiner wie
plattgequetscht aussehenden Form füglich als Nebenhoden
betrachtet werden kann. Was man bei den übrigen Urodelen
nach Leydigs Untersuchungen als Regel betrachten kann,
nemlich die Ablösung einzelner Läppchen vom Vorder-Ende
der Niere, habe ich hier nicht beobachten können, obgleich
ich elf Exemplare auf diesen Punkt untersuchte. Nach hinten,
gegen die Cloake zu zeigt sich die Niere als eine verdickte,
nach aussen convexe Platte, die vom Harnsamenleiter ge-
kreuzt wird und 9-10 Mm. lang ist. Wenn ich auch nicht in
Abrede ziehen will, dass mit stärkerer Vergrösserung vielleicht noch ein eigener Harngang zwischen der den Krüm-
mungen des Harnsamenleiters angepassten Niere und diesem
selbst aufgefunden werden kann, so muss ich doch bekennen,
dass es mir nicht möglich war, einen solchen an den vorderen $^7/_8$ der Niere nachzuweisen, weshalb ich an zwei
Möglichkeiten denke. Entweder ist die Niere mit dem Harnsamenleiter so innig verwachsen, dass es zwischen beiden überhaupt nicht zur Bildung von freien Kanälen kommen kann,
in welchem Fall dann der Harn einfach durch Poren in der
medialen Wand des Harnsamenleiters in letzteren gelangt,
oder es bilden die Harnkanälchen in der angedeuteten vorderen Nierenpartie immer nach hinten sich verbindende
Anastomosen, aus welchen dann der Urin in die, an der hinteren dickeren Nierenmasse entspringenden Ureteren II. L.
sich ergiessen würde. Letztere münden im Gegensatz zu unsern
einheimischen Molchen, getrennt d. h. einzeln für sich
in das untere Ende des Harnsamenleiters. Schon oben habe ich
bemerkt, dass diese hintere Abtheilung der Niere keine horizontal liegende Lamelle vorstellt, sondern eine kurze Rinne
oder Schale, deren einer, freier Rand von dem Organ der

andern Seite nur durch eine feine Spalte getrennt wird,
während der nach aussen liegende Rand sich zugleich nach
oben und einwärts rollt, wobei er 10-12. dicht an einander
liegende Harnkanäle nach einwärts abschickt, wodurch die
Schale vollends bis auf die der Median-Ebene zugekehrte
Seite geschlossen wird. Geht man also mit einer Präparir-
Nadel zwischen die beiden Enden der Harnsamenleiter ein,
so geräth man nach rechts und links in eine Tasche. Der hintere, der Columna vertebralis anliegende Rand der Niere und
nach vorne zu (das Thier auf dem Rücken liegend gedacht!)
das untere Ende des Harnsamenganges bilden demnach die
freien Kanten der Schale.

Der Harnsamenleiter Fig. 123. IIS. (auf der Figur etwas
verkürzt erscheinend) besteht aus einem intensiv schwarz
pigmentirten Kanal, der nur vorne, wie oben erwähnt, heller
erscheint. Er zieht in abenteuerlichen Windungen, die seiner
ursprünglichen Richtung oft geradezu entgegenlaufen (Y)
nach rückwärts. Seiner Beziehungen zur Niere habe ich bereits
Erwähnung gethan, weshalb ich nur noch des, von Leydig
so ausführlich gewürdigten Fadens (Z) gedenken will. Dieser
zeigt an den verschiedensten Stellen hydatyden-artige Auftreibungen, die sich histologisch genau wie die analogen Bildungen bei Anuren und Urodelen verhalten, und die wie überall, so
auch hier den grössten individuellen Schwankungen unterworfen sind. Bei der schwachen Vergrösserung, mit der die
Fig. 123. gezeichnet ist, scheint er sich direct in das vordere
zugespitzte Ende des Harnsamenleiters einzusenken; dass er
aber in Wirklichkeit dies erst weiter hinten thut, also getrennt vom Harnsamenleiter, an dessen Aussenseite er noch
eine Strecke nach rückwärts läuft, ist nach den obgen. Untersuchungen Leydig's an den verwandten Thieren zu erwarten.

Die Harngänge sind von einem Epithel ausgekleidet, dessen
Elemente aus grossen polygonalen Zellen, mit stark granulirtem Kern und hell glänzendem Kernkörperchen bestehen, und von der Fläche gesehen, ein sehr zierliches Mosaik-
Bild darbieten.

Die Zoospermien. *Fig. 135.*

Sie haben ihrer ungewöhnlichen Grösse wegen mein Interesse sehr in Anspruch genommen. Es klingt fast wie eine
Fabel, dass ich mit dem s c h w ä c h s t e n S y s t e m der jetzt so
viel in Gebrauch gekommenen Praeparir-Lupen von S e i b e r t
& K r a f f t in W e t z l a r, die einzelnen Samenfäden mittelst
der Präparirnadel zu isoliren vermochte! Ohne besondere
Anstrengung kann hier das Auge die Büschel der Samenfäden,
wie ich sie in grossen Massen theils aus dem Hoden selbst,
theils aus dem förmlich damit vollgepfropften Vas deferens
gewann, in ihre einzelnen Elemente zerlegen. Der g a n z e
Samenfaden ist allerdings dabei nicht sichtbar, indem der
letzte feine Endfaden eine viel stärkere Vergrösserung erfor-
dert. Das dickere Ende (E) zeigt sich constant schräg abgestutzt,
und verjüngt sich nach hinten zu nur sehr allmälig, bis es
plötzlich, bei schwacher Vergrösserung (Hartnack. IV.) s p i n-
d e l f ö r m i g a n s c h w i l l t, um dann weiter nach rückwärts
eine rasche Verdünnung zu erfahren und mit einem unendlich
feinen Faden zu endigen. Es zeigt sich somit in der Form ein
wesentlicher Unterschied von den Zoospermien der übrigen
Urodelen, die sich gewöhnlich durch einen langen, s p i t z
zulaufenden, pfriemenförmigen Kopf, ein stark lichtbrechen-
des Mittelstück und einen s c h a r f abgesetzten, dünnen
Schwanz auszeichnen. (Tritonen, Salam. macul. & Axolotl).
Denkt man sich das ganze Gebilde in 3. gleiche Theile getheilt, so sieht man bei starker Vergrösserung, dass die, an
dem Zusammenstoss des mittleren mit dem vorderen Drittel
liegende, spindelförmige Anschwellung nicht der Axe des
Fadens selbst angehört, sondern ihr nur eng angelagert, einen
halbmondförmigen, stark granulirten Protoplasmakörper repräsentirt. Fig. 135. P. Bei allen von mir untersuchten Samenfäden
fand ich ihn constant an derselben Stelle liegen. Was dieser
Körper, der den übrigen Urodelen meines Wissens fehlt, für eine
Bedeutung hat, ist mir nicht klar geworden. Ob er zu den

« Anhängen des Mittelstücks » (Schweigger - Seidel:
Arch. f. mik. Anatomie I. Bd.) zu rechnen ist, erscheint
mir zum mindesten zweifelhaft! Ausserdem zeigt sich eine,
selbst an Spiritus-Exemplaren leicht erkennbare, undulirende
Membran (M) an der ganzen Länge des Fadens und namentlich deutlich sichtbar an dessen Umschlagstellen. In
einem Fall fand ich sie losgerissen und weit von ihrer ehema-
ligen Anheftungsstelle abstehend. (U) Die Länge des
einzelnen Samenfadens beträgt 650-700 μ. (!)
eine Zahl, die, so viel mir bekannt, von keinem andern Wirbelthier erreicht wird. Die grössten Zoospermien unserer einheimischen Batrachier messen
400-550 μ., während diejenigen der Säugethiere zwischen
51 μ. und 120 μ. schwanken. Durch eine freundliche Mittheilung des Herrn Prof. v. la Valette St. George
wurde ich auf eine Arbeit Zenkers [Arch. f. Natur-
gesch. XX. Jahrg.] aufmerksam gemacht, woraus ich
ersehe, dass bei Cypris ovum $^2/_3'''-1'''$ lange Samenfäden
vorkommen, von denen der Entdecker wohl mit Recht an-
nimmt, dass sie überhaupt die grössten sind. Sie würden
also die von Geotriton gemeldete Zahl noch um das Fünf-
fache übertreffen !

Die Harnblase & Cloake

ist sehr gross, im Verhältniss zum Körper grösser, als bei irgend
einem andern von mir untersuchten Molche. Was die Form
der Blase betrifft, so gleicht sie vollkommen der von Salamandrina, mündet aber, im Gegensatz zu dieser, nicht
selbstständig in die Cloake aus, sondern in die ventrale
Wand des Rectum, kurz ehe dieses selbst ausmündet. Bezüglich der Cloake ist zu bemerken, dass sie viel weiter
vom Becken nach rückwärts auf die Schwanzwurzel gerückt
erscheint, als bei den übrigen Urodelen. Ihre Innenwand ist
glatt und besitzt bei keinem der beiden Geschlechter die
sonderbare Lappenbildung und den peripheren Drüsenkranz,

wie wir dies bei Salamandrina gesehen haben, auch finde ich
beim Weibchen keine Spur der Receptacula seminis, wohl
aber frei in der Cloakenhöhle liegende Zoospermien, wie bei
Salamandrina. Bei beiden Geschlechtern stellt die Cloaken--
spalte einen einfachen Schlitz mit scharfen Rändern dar;
dies ist selbst bei Männchen der Fall, bei denen Alles darauf
hinweist, dass sie zur Paarungszeit eingefangen wurden. Es
muss dies um so mehr befremden, da bekanntlich bei unsern
einheimischen Arten eine excessive Hypertrophie der Cloaken-
Lippen zu dieser Zeit einzutreten pflegt. Wenn ich oben sagte,
dass die innere Wand glatt sei, so muss ich dies dahin modificiren, dass es für die hintere Hälfte der Höhle allerdings
seine Richtigkeit hat, dass aber die vordere von radiär laufenden Falten durchzogen ist, die beim Männchen stärker ausgeprägt sind. - Die Oviducte münden bei diesem Thier so wenig,
als die Harnsamenleiter auf zwei Papillen, sondern sie liegen
sehr versteckt in einer minimalen Hautfalte verborgen. Die
Cloake des Männchens ist durch einen Umstand charakterisirt,
der an Salamandra maculata und die Tritonen erinnert, nämlich
durch einen ausserordentlichen Reichthum an Drüsen. Leydig
(l. c.) sagt vom männlichen Land-Salamander: « Die
ganze Kloake wird von einer sehr starken Drüsenschicht
umgeben, welche deutlich nach der Beschaffenheit
ihres Sekrets von zweierlei Art ist. Die eine Drüse
färbt den vorderen Abschnitt der Cloake weissgelb und ragt
selbst noch in die Beckenhöhle vor; sie grenzt sich scharf ab
von der, den hinteren Abschnitt der Kloake umgebenden Drüse,
welche eine graue Färbung zeigt. Die Drüsenschläuche sind
in beiden Drüsenhaufen so gross, dass sie mit freiem Auge
wohl unterschieden werden können. Die Sekretionszellen der
vorderen weissgelben Drüse haben einen körnigen Inhalt, der
in Alkalien löslich ist, die hintere Drüse hingegen producirt
eine mehr helle, fadenziehende, klebrige Substanz und es
kam mir noch vor, als ob jeder Drüsenschlauch von glatten
Ringmuskeln umstrickt wäre, um die charakterisirte Sekret-
masse ausquellen zu machen ».

Um eine ganz ähnliche Bildung handelt es sich auch hier,
nur ist es mir nicht gelungen, den Zerfall der Drüse in zwei
Abschnitte makroskopisch oder mit der Lupe darzuthun. Dass
man es aber auch hier mit zwei physiologisch differenten
Elementen zu thun habe, beweist, wie weiter unten gezeigt
werden soll, die mikroskopische Untersuchung.

Präparirt man die Haut in der ganzen Umgebung der Cloake
sorgfältig los, so stösst man auf zwei, den Cloakenschlitz
(Fig. 123. C. S.) selbst um mehr als das Dreifache an Länge
übertreffende, lappenartige Bildungen (Pr.), die sich mit ihrem
vorderen angeschwollenen und zugleich abgerundeten Ende
weit in das Becken hinaufziehen. Hier sind sie vor der Cloakenspalte miteinander verbunden, während ihre unteren (hinteren) stark verjüngten Enden durch eine enge Spalte getrennt
bleiben. Jede Seitenhälfte ist zugleich nach aussen gewölbt
und erzeugt, ganz ähnlich, wie dies bei den weiter vorne
liegenden Harngängen der Fall, nach der Cloakenhöhle zu
jederseits eine Bucht, oder besser gesagt, liefert geradezu
das Material zum Aufbau der Cloakenwände. Diese Drüsen-
Lappen messen im längsten Durchmesser 8.-9. Mm., sind
also relativ mächtiger entwickelt, als bei dem Landsalamander. Sie setzen sich zusammen aus vielen radienför-
mig und zugleich geschlängelt ziehenden, 2.-3. Mm. langen
Schläuchen, die an ihrem, von der Cloake abgekehrten Ende
keulig angeschwollen und abgerundet sind, während der in
jene einmündende Theil sich fadenartig zuspitzt. Fig. 130.

Betrachtet man sie bei starker Vergrösserung, so wird
man gewahr, dass sie von einem dichten Capillar-Netz umsponnen sind und von einem Epithel ausgekleidet werden,
dessen Elemente aus grossen, platten, abgerundeten Zellen
bestehen, deren stark granulirte grosse Kerne oft kaum
einen Protoplasmamantel um sich herum erkennen lassen.
Fig. 128.

Die Intercellular-Substanz ist glashell, und die Aussenfläche
des Schlauches wird von zahlreichen, in der Längsaxe
verlaufenden glatten Muskelfasern eingenommen.

Was den Inhalt anbelangt Fig. 128. und 130. Inh., so zeigt
er sich nach verschiedenen Regionen der Drüse verschieden.
Bald sieht man eine krümmelige, safrangelbe, oft sogar
zu Klumpen geballte Masse, bald — und dies ist weitaus bei
der grösseren Zahl zu notiren — tritt der Inhalt in Form eines
zähen (in Spiritus erhärteten) Stromes aus, wie dies namentlich deutlich die Figur 128. zeigt. Der Drüsenschlauch ist
hier angerissen und der ausquellende gestreifte Saftstrom
schimmert sogar durch die Epithel-Decke noch deutlich durch.

Dass diese Bildung der Prostata und den Cooper'schen
Drüsen der höheren Wirbelthiere entspricht, kann wohl
keinem Zweifel unterliegen.

Weibliches Uro-Genital-System.

Ovarium und Oviduct.

Die hier in Betracht kommenden Gebilde zeichnen sich durch
ein helleres Colorit aus, als die entsprechenden Theile beim
Männchen. Der Grundton ist bei Spiritus-Exemplaren gelblich
weiss und nur sehr vereinzelt treten namentlich an den vorderen drei Viertheilen des Oviducts Pigmentzellen auf. Fig.
124. Ovd. Diese Abbildung ist nach einem Exemplar von
mittlerer Grösse angefertigt, das offenbar nicht zur Paarungszeit eingefangen worden war. Dafür spricht das dürftige,
spindelförmige Ovarium, welches eine ziemliche Anzahl unreifer Eier enthält; es ist in eine Duplicatur des Bauchfells
eingeschlossen, welche sich durch eine äusserst zarte Structur
kennzeichnet. Die Eier zeigen, so lange sie unreif sind, eine
intensiv weisse Färbung, während die reifen, an Spirituspraeparaten ein bräunlich-gelbes Colorit tragen. Letztere sind
grösser, als bei den meisten übrigen Molchen und besitzen
einen Durchmesser von einem halben Centimeter und
darüber, wobei sie eine sehr resistente Aussenhülle besitzen. In welcher Weise sie abgesetzt werden, kann ich nicht
angeben.

Das Ovarium liegt etwas nach hinten vom Oviduct und

ANATOMIE DER SALAMANDRINEN

zugleich einwärts von demselben. Letzterer mündet unterhalb 'des Schultergürtels mit weiter trichterartiger Oeffnung
aus, welche durch das sich ansetzende Bauchfell noch bedeutend an Umfang und Tiefe gewinnt. Fig. 124. Intr. ovd.
Er läuft fast ganz gestreckt bis in die Nähe der Cloake herab,
wo er mit dem der andern Seite convergirt, und sich dabei
mit der Niere kreuzt, die dorsalwärts von ihm zu liegen
kommt. Beide zusammen münden dann, durch kurzes, straffes
Bindegewebe dicht zusammengelöthet, in der oberen (vorderen) Wand der Cloake aus. Der hintere Theil des Eileiters
zeigt sich von * an aufgetrieben, was ja auch bei andern
Urodelen beobachtet wird; man pflegt diesen Theil mit dem
Namen « Uterus » zu bezeichnen. Wie oben angedeutet,
ist dieser Abschnitt des Oviducts stärker pigmentirt.

Die Nieren

stellen zwei langgestreckte Körper dar, an welchen man ein
unteres, kolbig aufgetriebenes Ende und einen viel längeren
und zugleich fadenförmig ausgezogenen, vorderen Theil unterscheiden kann. Sie liegen nach hinten und zugleich nach
einwärts von den Eileitern und sind im Gegensatz zum Männchen, wo wir sie untrennbar fest mit dem Harnsamenleiter
verbunden sahen, nur durch eine lockere Membran des
Peritonäum mit den Eileitern und Ovarien verbunden; auch
ist der vordere Abschnitt hier lange nicht so fein und deshalb viel leichter präparirbar; er überragt noch das Ovarium
um einige Millimeter. Fig. 124. N.
Eine weitere Differenz zwischen beiden Geschlechtern liegt
darin, dass der Ureter dem Aussenrand der Niere von der
Spitze an als heller Faden (U) eng anliegt und sich dann von
da an, wo der aufgetriebene Theil der letzteren beginnt, auf
die freie ventrale Fläche des Organs herüberschlägt, um hier
von der äusseren Kante der Niere her eine wechselnde Anzahl
von secundären Harnausführungsgängen aufzunehmen. Der
Ureter läuft bis Z. weiter und senkt sich hier mit seinem

Hauptstamm in den Oviduct ein, während oberhalb dieser Stelle noch 6-8. für sich ausmündende, kleinere Kanäle (S) getroffen werden. Es ist dies also ein ganz ähnliches Verhalten, wie wir es auch beim Männchen beobachtet haben.

Was das enge Anliegen des Ureters an die Niere betrifft so erinnert dies an ein ganz analoges Verhalten vom Proteus, was Leydig auf der IV. Tafel seiner schon oft citirten Arbeit treffend wiedergibt. — An der Stelle der männlichen Cloakendrüse liegt beim Weibchen eine bedeutende Fettmenge abgelagert, welche die ganze Cloakencircumferenz als weiches Polster umgiebt.

Zungenbein-Apparat des Geotriton.

Sowohl die anatomische Grundlage, als das physiologische Verhalten der hier in Betracht kommenden Theile haben mein Interesse im allerhöchsten Grade in Anspruch genommen, weil hier Verhältnisse vorliegen, welche einen schönen Beweis davon geben, wie die ewig wechselnde Natur auf eine ganz besondere Weise Kräfte zur Entfaltung bringt, wie sie sonst nur im Organisationsplan viel höher entwickelter Lebewesen zum Ausdruck kommen. - Es ist allbekannt, und kann auch im Allgemeinen als Regel festgehalten werden, dass die Amphibien-Zunge sich einer nur sehr unvollkommenen Ausbildung und Beweglichkeit erfreut, ja dass sie sogar ganz fehlen kann. (Aglossa).

Abgesehen davon, ist sie in den meisten Fällen nur mit dem vorderen Ende an dem Boden der Mundhöhle festgewachsen, während dies bei den Salamandrinen theils an der Unterfläche, theils auch an den Seiten der Fall ist, so dass nur ihr hinterer, häufig eingekerbter Rand frei bleibt. Im Gegensatz dazu ist die Zunge des Geotriton ringsum vollkommen frei, von rundlich-ovaler Form,

mit zugeschärften Rändern. Sie sitzt wie ein
Pilz auf einem Stiele fest, der wie bei den Ophidiern in einer Scheide ruht, aus welcher er weit
hervorgezogen werden kann.

A $^3/_4$.

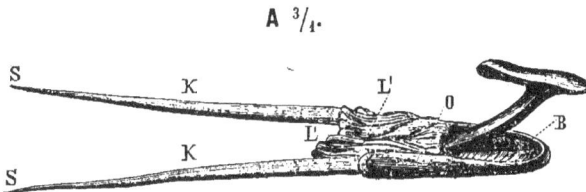

Nach den Mittheilungen Schreiber's (l. c.) scheinen bei
Chioglossa lusitanica ähnliche Verhältnisse vorzuliegen,
jedoch ist hier die Zunge vorne am Boden der Mundhöhle festgewachsen, ähnlich wie bei Salam. persp.
Demnach würde sich Geotriton allein unter
allen geschwänzten Amphibien dieser freien Beweglichkeit der Zunge erfreuen, und es ist nun
auch dem entsprechend ein Knorpel - und Muskel - Apparat vorhanden, wie er sonst nirgends
bei dieser Thierklasse beobachtet wird!

A) Das Knorpelgerüste. *Fig. 101.*

Wie die übrigen Verwandten, so besitzt auch Geotriton
als erstes Bogensystem (von der Spange des Unterkiefers
nach rückwärts gerechnet) diejenigen Theile, die ich oben
als hintere Zungenbeinhörner bezeichnet habe. Sie
weichen aber sowohl in der Form, als in ihren Beziehungen
zum Schädel insofern bedeutend von allen übrigen Salamandrinen ab, als sie erstens nach vorne spiessartig
zugeschärft enden, wodurch sie an gewisse orientalische
Säbelformen erinnern, und zweitens nach rückwärts nicht
frei aufhören, sondern im Bogen nach aufwärts gekrümmt und an einer Incisur des Tympanicum
vorbeilaufend, das Os quadratum erreichen, mit

dem sie sich innig verlöthen. Diese Thatsache
galt bis jetzt bekanntlich als charakteristische
Eigenthümlichkeit der Perennibranchiaten und
gewisser Anuren, bei welch letzteren sich bekanntlich das Cornu styloideum mit der Pars
petrosa des Schädels verbindet. Bei * Fig. 101.
ist der Knorpelstreifen durchschnitten.

Die vordere Spitze erreicht nicht das Vorder-Ende des Zungenbeinkörpers, sondern liegt frei, nur durch Bindegewebe
und Muskeln in einer Weise fixirt, die ich nachher noch
ausführlich zu besprechen haben werde (¹).

Der Zungenbeinkörper (C) ist spindelförmig, mit brei-
terem Vorder - und spitzerem Hinterende. Ersteres ist in die
Unterfläche der Zunge, und zwar etwas unterhalb des Cen-
trums fest eingewachsen. Die obere Seite des Zungenbeinkörpers ist in der Mittellinie leicht gewölbt, und nach hinten
zu kann man sogar von einer eigentlichen Leiste sprechen,
die zuletzt von beiden Seiten schräg abgestutzt endigt. Dadurch entsteht rechts und links ein Falz, der zur Einlage-
rung der beiden Retractores linguae dient. Vergl.
Fig. 136. FF.

Von einer vorderen Copula ist so wenig etwas aufzufinden, als von jenen Bildungen, die ich beim Salamander
und Triton als « vordere Zungenbeinhörner » bezeichnet
habe. Auch fehlt ein Stiel des Zungenbeinkörpers, sowie
dessen Basalplatte: das Os thyreoideum. Die Unterfläche
von C. ist vollkommen glatt.

Vom ersten und zweiten Kiemenbogen sind die ventralen
Abschnitte erhalten I Kv. und II Kv. Der erstere ist durch fibröses Gewebe mit den Seitenrändern des verjüngten Hinter-
endes von C. verbunden, während dieser, etwas kräftiger

(¹) *Anmerk:* Erst nachträglich finde ich in dem schon öfter citirten Atlas
von Eschscholtz die Bemerkung, dass die Zungenbeinhörner des Triton
ensatus (Californien) ebenfalls mit dem Quadratum sich verbinden,
während der übrige Zungenbein - Apparat nichts mit dem des Geotriton zu
schaffen hat.

entwickelt, an das schräg abgestutzte Ende der Leiste von C. sich ansetzt.

Beide begrenzen, wie bei den verwandten Arten, eine Spalte, und legen sich mit ihren lateralen Enden enge aneinander, ohne jedoch vollkommen zu verschmelzen; dagegen ist zu bemerken, dass der zweite Kiemenbogen etwas über den ersten zu liegen kommt und von aussen und vorne nach hinten und einwärts schräg abgestutzt erscheint. Dieser ist es hauptsächlich, an welchen sich ein den Zungenbeinkörper selbst an Länge zwei und ein halb Mal übertreffender Knorpelfaden anlegt, der an seinem Beginn der Stärke des zweiten Kiemenbogens gleichkommend sich ganz allmälig nach rückwärts verjüngt, bis sein letztes Ende fast haarfein sich zuspitzt.

Ob diese merkwürdige Bildung, für die ich kein Analogon aufzuführen weiss, als das Dorsalsegment des ersten oder zweiten Kiemenbogens aufzufassen ist, wage ich nicht sicher zu entscheiden, doch bin ich mehr zu ersterer Ansicht geneigt, obgleich die Verbindung mit dem zweiten Kiemenbogen, wie oben bemerkt, in viel ausgedehnterer Weise zu Stande kommt, als mit dem ersten.

Ich glaube, dass von der Untersuchung des Larvenstadiums hiefür sehr viel Interessantes zu erwarten ist, und ich werde nicht ermangeln, mir sobald wie möglich junge Thiere und Eier zu verschaffen. Es wird mir dann, wie ich hoffe, gelingen, auch über die Entstehung der auffallenden Lagebeziehungen dieser Knorpelfäden zum übrigen Körper in's Klare zu kommen.

Beim erwachsenen Thier machen sich die Verhältnisse folgendermassen: von ihrem Ursprungspunkt im hintersten Theil des Bodens der Mundhöhle an, ziehen sich diese Fäden etwas nach aussen, steigen dabei zugleich nach oben an, streifen dann seitlich an der Nackengegend hin und kommen endlich auf den Rücken neben die Wirbelsäule zu liegen. Dabei sind sie wie eingefalzt in dem Winkel, den der abgehende Humerus

mit dem Suprascapulare erzeugt. Fig. 97. 1 Kd. Sie streichen
dabei an folgenden, medianwärts von ihnen liegenden, Muskeln hin : M. capiti-dorso-scapularis (Cucullaris)
M. dorsalis scapulae. M. basi-scapularis (levator
scapulae) und M. dorso-humeralis (Latissimus dorsi).
Ihre Beziehungen zur Haut und dem sie selbst umhüllenden
Muskelschlauch bespreche ich weiter unten.

Ich füge nur noch bei, dass ich bei keinem der von mir
untersuchten Exemplare [und deren waren es eine grosse
Zahl] auf eine Imprägnation dieser Theile mit Kalksalzen
stiess; immer traf ich allerwärts den schönsten Hyalinknorpel.

B) Der Muskel-Apparat.

Obgleich der eine und der andere der hier in Betracht
kommenden Muskeln sowohl in morphologischer, als auch
physiologischer Beziehung bei den verwandten Arten ebenfalls vertreten ist, so findet sich doch viel Neues und Fremd-
artiges, für das ich vorderhand kein Analogon zu geben weiss.

Aus diesem Grunde habe ich vorgezogen, statt die verglei-
chende Myologie mit neuen Namen zu bereichern, die einzelnen Muskeln und Muskelgruppen nach der Ordnung des
Alphabets einfach mit Buchstaben zu benennen. Ich glaube
dazu um so mehr berechtigt zu sein, weil mir die vorausge-
gangenen Verhältnisse des Larvenstadiums bis jetzt unbe-
kannt geblieben sind und ich mir nur an der Hand gerade
dieser eine sichere, physiologisch zu rechtfertigende Aufstel-
lung von neuen Namen zutrauen darf. Dazu kommt noch,
dass gerade in diesem Abschnitt der vergleichenden Myologie
auch bei den sonst gut studirten übrigen Urodelen fast jeder
Autor neue Namen aufstellen zu müssen geglaubt hat, so
dass bis dato noch keine Einheit erzielt wurde und die
Verhältnisse also noch einer gründlichen Sichtung bedürfen.

Dennoch will ich der Deutlichkeit wegen nicht unterlassen,
diese oder jene, bis jetzt gebräuchlichen Benennungen neben
den Buchstaben herbeizuziehen, um zu sehen, wo wir bei

den einheimischen Arten übereinstimmende, oder wenigstens ähnliche Beziehungen zu notiren haben.

Ich bemerke noch, dass ich mir für die Ausdrücke « h o c h » und « t i e f », « o b e n » und « u n t e n » das Thier auf dem Rücken liegend denke und die einzelnen Theile p r a e p a - r a n d o mit Scalpell und Pincette sich entwickeln lassen werde!

1) Erste Muskelschicht und die Submaxillar-Drüse.

Umschneidet man die Haut in der ganzen Circumferenz des Unterkiefers und verlängert man die Schnitte vom Gelenkende desselben in gerader Richtung noch eine Strecke weit nach rückwärts, so lässt sie sich mit einiger Vorsicht i n c o n - t i n u o gegen den Bauch zurückschlagen. Während nun aber die Ablösung von den unterliegenden Muskelschichten auf den Seiten sehr leicht von statten geht, stösst man auf Schwierigkeiten in der Mittellinie, wo man einer ungemein festen Verwachsung zwischen beiden begegnet. Sieht man auf die abgehobene Fläche der Haut, so bemerkt man an der Stelle, welche den Unterkiefer-Winkel vorne ausfüllt, eine weisslich gelbe, derbe, kuchenartige Verdickung von rundlicher Form, die sich bei durchgelegten Schnitten a l s e i n A g g r e g a t v o n s a c k a r t i g e n D r ü s e n erweist. Sie sind von demselben Bau, wie die Hautdrüschen des ganzen Körpers überhaupt, übertreffen aber die letzteren in der Grösse um das Zehn — und Zwölffache, wie auch das Epithel aus viel längeren Elementen, mit fein granulirtem Inhalt zu- sammengesetzt ist. Ob der Sack von glatten Muskelfasern umsponnen ist, kann ich nicht mit Sicherheit angeben. Was den Inhalt desselben betrifft, so war er da und dort in krüm- meligen Massen, die an geronnene Milch erinnerten, ange- häuft und erstreckte sich bis in den feinen, die Epidermis durchbohrenden Ausführungsgang hinein.

Es kann keinem Zweifel unterliegen, dass wir in diesem Gebilde, das ich S u b m a x i l l a r - D r ü s e heissen will, ein Ana- logon der sogen. P a r o t i s und der S e i t e n d r ü s e n von Sala- mandra macul. und atra zu erblicken haben. Durch L e y d i g

(Ueber Organe eines sechsten Sinnes) ist bekannt geworden, dass
die Tritonen an der Bauchseite des Kopfes « eine den Bogen
des Unterkiefers wiederholende Zone » von grösseren Hautdrüsen besitzen, nirgends aber finde ich diese Art der Anordnung wie beim G e o t r i t o n. Ueber den Zweck derselben kann
man wohl nicht lange schwanken; so nahe der Schnauze
gelegen, wird diese Drüse ihr ätzendes Sekret auf die zu
erhaschende Beute ausspritzen und somit den Fangapparat, wie
wir ihn in der mit vielen Drüschen besetzten Zunge erblicken,
wesentlich vervollständigen. Ich glaube kaum, dass das
Thier zuerst seine Zunge mit dem Secret benetzt und sie
dann erst auf das betreffende Insect schleudert, sondern es
scheint mir wahrscheinlicher, dass sich der Vorgang in oben-
genannter Weise verhält und das Vorschnellen der Zunge
g l e i c h z e i t i g mit dem Ausspritzen des Saftes erfolgt. Letzteres wird, ganz abgesehen von einer, den Drüsensack etwa
umspinnenden Muskulatur, deren Existenz ich nicht bezweifle,
durch die Wirkung (Contraction) der an dieser Stelle den Boden
der Mundhöhle auskleidenden Muskulatur bewerkstelligt ([1]).

Ich habe die Lage und Grössenverhältnisse der Drüse auf
dem Holzschnitt B durch die kreisförmige, mit (d) bezeichnete
Stelle ausgedrückt.

Nach entfernter Haut sieht man auf eine, von der Innenfläche der Unterkieferspangen entspringende Muskelschicht,
welche sich deutlich in zwei Portionen, eine vordere (a)
und eine grössere, weiter nach hinten liegende (a') sondert.
Die Faser-Richtung ist, mit Ausnahme des hintersten Ab-
schnitts von (a'), welcher rein transversell läuft, eine schräge
zur Längsaxe und zwar gehen die Fasern von (a) denen von
(a') gerade entgegengesetzt, wobei sich die letzteren nach
vorne zu bei X. unter jene noch eine gute Strecke hinunter-
schieben ([2]).

([1]) Wie ich neuerdings sehe, kommt dieses Organ nur dem Männchen zu,
ist also in anderem Sinn zu deuten, als dies oben versucht wurde, und wohl
zu der Fortpflanzung in Beziehung zu bringen!
([2]) *Anmerkung*: Die zum Vergleich citirten Buchstaben beziehen sich bis
auf Weiteres auf den Holzschnitt B.

Die Hälften beider Seiten nähern sich nicht so bedeutend, als dies bei Salamandra mac. der Fall ist, sondern gehen jederseits mit einer bogig geschwungenen, medianwärts concaven, scharfen Linie, die in der Horizontal-Ebene von X die grösste Ausbauchung zeigt, in eine starke, sehnige Platte über, die sich nach rückwärts ganz allmälig verjüngend die Form einer umgestürzten Flasche repräsentirt. Die vordersten Fasern von (a) gehen continuirlich in einander über. – Die Muskelportion (a) reicht, wie die Figur zeigt, nicht bis nach vorne zur Ausfüllung des Kinnwinkels, sondern dort liegt eine zarte Fascie, welche von der anliegenden Drüse constant eine tellerartige Vertiefung zeigt. Durch sie sowohl, wie durch die Aponeurose A. schimmert ein Theil der zweiten Muskelschicht durch.

Unter den hinteren Rand von (a′) schiebt sich, fächerartig ausstrahlend, ein Muskel (b), der von demjenigen Theil des bogig geschwungenen hinteren Zungenbeinhornes entspringt, welcher im Begriffe ist, mit dem Knorpel des Os quadratum zu verschmelzen. Er entsteht dort mit breiter Basis, und ist in seinem steilen Lauf nach abwärts so um seine Fläche gedreht, dass eine weite, nach rückwärts und oben offene Hohlrinne entsteht, in welche der Anfangstheil des auf den Rücken steigenden Knorpelfadens resp. dessen Muskelüberzug wie eingefalzt liegt. Dieser Muskel (b) geht am Boden der Mundhöhle in die nach rückwärts verjüngte Fortsetzung der Aponeurose A. über und letztere hat damit noch nicht ihr Ende erreicht, sondern setzt sich bis über das Coracoid C′ zum Pectoralis major fort. Hier repräsentirt sie die aponeurotische Ausstrahlung des Muskels (c). Dieser entspringt am hinteren und absteigenden Fortsatz des Tympanicum, schlägt sich im Lauf nach abwärts und rückwärts um das Gelenkende des Unterkiefers herum, umfasst das Procoracoid von unten und bildet zugleich mit dem letzteren die Fortsetzung der schon von (b) begonnenen Hohlrinne, in der der lange Knorpelfaden ruht.

Auf der linken Seite der Figur ist (c) durchschnitten, wodurch

der am hinteren Ende des Unterkiefers sich inserirende Muskel
T. erscheint. Zugleich sieht man, wie sich der muskelfreie
Vorderrand des Procoracoids noch eine gute Strecke unter
dem Muskel (b) nach vorwärts schiebt. Ferner liegen die auf
dem Schultergürtel entspringenden M. M. procoraco-hu-
meralis (ph) und supracoracoideus (spc.) zu Tage.
Vom Pectoralis major P. m. sind nur die vordersten
Fasern noch sichtbar.

Rechts und links nach aussen vom Procoracoid ist der
den Kiemenfaden umwickelnde Muskel K. sichtbar.

B.

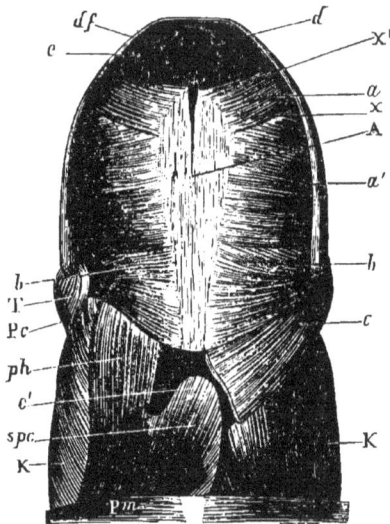

Was nun die Vergleichung dieser angeführten Muskeln
mit den entsprechenden Gebilden der andern Urodelen anbelangt, so sieht man sich genöthigt, bald die Molche, bald
die Perennibranchiaten und Derotremen, oder auch
alle auf einmal zum Vergleich herbeizuziehen. Es ist ein
merkwürdiges Mixtum compositum von Muskulatur, und
erscheint wie aus den verschiedensten Ordnungen und Un-

terordnungen der Amphibien künstlich zusammengetragen.
Von hohem Werthe dürfte es daher sein, die Myologie des
ganzen Thiers im Grossen und Ganzen einer genauen Prüfung zu unterwerfen!

Die Portion (a) und (a') des Geotriton ist bei den übrigen Salamandrinen nur durch ein einziges Stratum vertreten, welches
nicht schräg, sondern rein transversell zur Mittellinie ziehend, den Zwischenraum der beiden Unterkieferhälften
bis auf eine, vorne im Kinnwinkel gelegene, minimale Spalte
vollkommen erfüllt. [vergl. hierüber die schönen Untersuchungen Fürbringers: «Zur vergl. Anatomie der Schulter-
muskeln»] – Der genannte Autor heisst diesen Muskel: Intermaxillaris anterior, während er von den folgenden
Mylohyoideus genannt wird: Humphry, Léon-Vaillant, Rymer Jones, Owen, Stannius, Goddard,
v. d. Hoeven. — Rusconi gebraucht dafür den Namen:
Partie antérieure du mylo-hyoidien, während ihn
Dugès einfach Sousmaxillaire nennt.

Der Muskel (b) ist als selbstständiger Complex bei den
Salamandrinen gar nicht vertreten, dagegen findet er sich
bei Amphiuma, wo er ebenfalls nur von dem Zungenbeinhorn entspringt, während er bei Siren und Proteus
von diesem und auch noch in grosser Ausdehnung vom Dorsalsegment des ersten Kiemenbogens seinen Anfang nimmt. «Bei
Menopoma und Cryptobranchus hat er, wie ich aus
Hoffmann's Mittheilungen (l. c.) ersehe, wieder einen
doppelten Ursprung, den einen von dem Zungenbeinhorn,
den anderen von der Fascie, welche der den grossen Nacken-
muskel überziehenden Haut dicht anliegt ».

Die Partie (c), welche, wie oben bemerkt, an der ventralen
Seite mit (b) zum Theil zusammenfliesst, findet sich auch bei
den Salamandern und Tritonen, bei welchen sie [allerdings
mit nur sehr spärlichen Fasern] auch vom Zungenbeinhorn
entspringt.

Somit sehen wir hier den Muskel, welchen die meisten
Autoren (Rusconi, v. d. Hoeven, Mivart, Fischer ect.)

als hinteren Abschnitt des Mylohyoideus bezeichnen,
in zwei wohlgesonderte Abtheilungen zerfallen, wovon die
eine den Perennibranchiaten und Derotremen, die
andere den Salamandrinen eigenthümlich ist! — Was
endlich die, nach Hinwegnahme des Muskels (c) erscheinende
Fasermasse T. betrifft, so ist dies die von Dugès: Tempo-
ro-angulaire und von Rusconi: Digastrique genannte Muskelmasse. [Cephalo-dorso-maxillaris: (Digastricus
maxillae) Fürbringer]. Siebold nennt ihn « Depressor
maxillae inferioris » und drückt damit zugleich aufs Tref-
fendste seine Wirkung aus.

Wenn ich nun zur Erklärung der Wirkungsweise von (a)(a')
(b) und (c) schreite, so möchte ich wiederholt daran erinnern,
dass alle diese Abschnitte in die Aponeurose A. ausstrahlen.
Contrahiren sie sich, so wird letztere gespannt, und wird
mit Beziehung auf den darüber liegenden Zungenbein - Apparat resp. die Zunge selbst, wie ein Prelltuch wirken,
wodurch diese Theile gleichsam aus dem Rahmen der Unter-
kieferspange herausgehoben und gegen das Dach der Mundhöhle hingetrieben werden. Da die Fasern aber grossentheils
nicht einfach transversell, sondern schräg laufen, so muss
die Portion (a) den Zungenbeinkörper zugleich etwas nach
vorne ziehen, während ihn die vorderen Fasern von (b) nach
rückwärts zu bewegen im Stande sind. Ausserdem wird der
Abschnitt (b) und namentlich (c) unter gleichzeitiger Spannung
der Aponeurose als Constrictor wirken, wird mit andern Worten
das Procoracoid gegen den Körper anpressen und dadurch
zugleich den Anfangstheil des langen Kiemenfadens K heben.

Durch diese hebende Wirkung aller Muskeln wird der
Winkel, der vorher zwischen der Horizontal-Ebene des Zungenbeinkörpers und dem nach oben und hinten ablen-
kenden Kiemenfaden andrerseits bestand, auf ein Minimum
reducirt, oder auch ganz zum Verschwinden gebracht, was
die Wirkung des Vorstossens der Zunge wesentlich befördern
wird.

2) Die zweite Muskelschicht. *Fig. 133.*

Sind die hochliegenden Abschnitte durch einen Schnitt längs dem Unterkieferrande getrennt und hinweggenommen, so sieht man auf ein breites Muskelstratum mit l o n g i t u d i n a l e r F a s e r r i c h t u n g. Es lassen sich füglich d r e i H a u p t z ü g e daran unterscheiden: ein mittlerer (**d**) und (**d'**), ein äusserer (**e**), und ein innerer (**f**) und (**f'**). Um mit der Betrachtung von (**d**) und (**d'**) zu beginnen, so ist zu bemerken, dass dieser lange, bandartige Muskel am Becken entspringend, längs der Mittellinie des Bauches und der Brust nach vorne zieht, wobei er von Stelle zu Stelle I n s c r i p t i o n e s t e n d i n e a e erzeugt, die sich namentlich am Halse häufen. Auch an der Stelle, wo die beiden Kiemenbögen am Zungenbeinkörper gelenken, erzeugt er eine solche, welche von beiden Seiten her in einem nach rückwärts convexen Bogen in der Mittellinie zusammenstösst. J. J. Von hier aus entspringt der Muskel gleichsam wieder aufs Neue und zieht in fast sagittaler Richtung nach vorne zum Winkel des Unterkiefers, wo er sich inserirt. (**d**).

Er wird in seinem Lauf an der Brust vom C o r a c o i d gedeckt [cfr. die l i n k e Seite des abgebildeten Thieres bei Pc.] und erzeugt mit dem der andern Seite oberhalb der zusammenstossenden Coracoide eine äusserst derbe und zugleich schwach transparente Aponeurose, welche sich mit der Ventralwand des Herzbeutels aufs Innigste verlöthet oder, besser ausgedrückt, letzteren überhaupt mitconstituiren hilft.

Auf der Abbildung 133. ist sie durchschnitten, wodurch die beiden Seitenhälften (**d'**) und (**g'**) gleichsam wie aus dem Rahmen gelöst nach aussen gewichen sind und somit beträchtlich weiter von einander abstehen, als dies im Leben der Fall. Zwischen beiden klafft die Höhle, aus der das Herz herausgeschnitten ist. P.

Nach auswärts und vorne von der Stelle (**d'**) sieht man viele Fasern die frühere sagittale Richtung verlassen und fächerartig nach aussen und zugleich nach abwärts strahlen, um sich in schräger Linie an einer Fascie aufzuhängen, welche sie mit dem kaum sichtbaren Muskelzug (g′) verbindet. Diese Ansatzlinie liegt genau oberhalb dem ersten Kiemenbogen. Die medianwärts liegende Partie wird von (d) nach vorne fortgesetzt. — Parallel mit (d) zieht nach aussen davon ebenfalls ein bandartiger Muskelstrang (e), welcher an der Unterseite des hinteren Zungenbeinhorns entspringend und eng an (d) angelagert, nach vorne zum Unterkiefer geht, um sich hier auswärts von (d) anzusetzen. Er besitzt noch eine tiefere Portion (Fig. 134. (e′)), welche erst nach Hinwegnahme von (d) sichtbar wird; diese erreicht nicht den Unterkiefer, sondern strahlt fächerförmig unter der Schleimhaut der Mundhöhle aus.

Medianwärts von (d′) taucht ein Muskelzug (f′) auf, der sich unter (d′) hervorschiebt und die Inscriptio tendinea JJ. erreicht, von wo er, sich immer mehr verbreiternd, p a r a l l e l u n d i n d e r s e l b e n H o r i z o n t a l - E b e n e mit (d) nach vorne zum Unterkieferwinkel geht, um sich hier festzusetzen (f). Die Hälften beider Seiten sind hie und da nach vorne zu durch eine feine Spalte getrennt, während sie nach hinten fest zusammenliegen. Nach rechts und links hin sind sie dem Stratum (d) so innig angelagert, dass (d) und (f) zusammen nur e i n e n e i n z i g e n breiten Muskel zu repräsentiren scheinen.

Forscht man nach der Herkunft des Abschnittes (f′), so erfährt man, dass er von einem langen bandartigen Muskel stammt, der ebenfalls, nur mehr seitlich, am Becken entspringend, u n t e r u n d e t w a s n a c h a u s s e n von (d′) an der Bauch-Seite des Rumpfes emporzieht, und in der Halsgegend in zwei ungleich starke Bündel auseinanderfährt. Das eine, (in unserem Sinn) hochliegende, ist soeben zur Sprache gekommen, während die tiefer liegende stärkere Portion, (Fig. 134. F.) welche in der Spalte zwischen erstem und zweitem Kiemenbogen verschwindet, (Fig. 133. F.) später abgehandelt werden wird.

Sehen wir uns nun nach analogen Verhältnissen bei den übrigen Urodelen um, so werden wir gewahr, dass die Portion (d′) der Fortsetzung des P u b o - t h o r a c i c u s (R e c t u s

abdominis) entspricht, die man als Thoracico-hyoideus (Sterno-hyoidien: Dugès und Rusconi) zu bezeichnen pflegt.

Die Insertion findet gewöhnlich an der Endplatte des Zun-
genbeinstiels, an dem Ventralsegmente des ersten Kiemenbogens und am Zungenbeinkörper selbst statt. (Siren,
Siredon pisciformis und Proteus).

Man kann es als Regel betrachten, dass dieser Muskel
Verstärkungsbündel vom Schultergürtel her bekommt, wovon
bei Geotriton keine Spur zu bemerken. Ferner findet hier
nirgends eine Befestigung an dem unterliegenden Knorpelgerüste statt, sondern letzteres ist frei darunter
verschiebbar, indem der Muskel nur die oben beschriebene Inscriptio tendinea bildet, um von hier aus als
Maxillohyoideus (d) weiter nach vorwärts zu gehen. Für den
letzteren Muskel cursiren die allerverschiedensten Benennungen: Genio-branchial (Humphry) Constrictor
faucium externus und Levator maxillae inferioris longus (Goddard, Schmidt, v. d. Hoeven)
Rectus lingualis (Funk) u. s. w.

Die relativ grösste Aehnlichkeit mit Geotriton scheint noch
Amphiuma in diesem Puncte zu besitzen, indem der Genio-hyoideus hier ebenfalls als direkte Fortsetzung des
Pubothoracicus von der letzten Inscriptio tendinea entspringt. Die lateralwärts von dem Punct (d') zur Fascie
von (g') ziehende Partie erinnert an die Adductores ar-
cuum, wie wir sie bei den Perennibranchiaten und
gewissen Derotremen vom Thoracico-hyoideus nach
aussen zu den Kiemenbögen ziehen sehen, nur findet
die Insertion hier — ich betone dies ausdrücklich! — nicht
am ersten oder zweiten Kiemenbogen selbst statt, sondern,
wie oben bemerkt, nur an der die letzteren lose umwi-
ckelnden fibrösen Scheide. Dass dies für die Bewegungsgesetze von grosser Wichtigkeit ist, liegt auf der Hand!

Was nun die Portion (ff') betrifft, so besitzt sie bei unseren
einheimischen Urodelen nur theilweise ein Analogon. Der

Faserzug (f') stellt das hochliegende Stratum eines Muskels dar, den Siebold mit dem Namen hebosteoglossus bezeichnet; jenes setzt sich bei unserer Salamandra maculata und atra sowie bei dem Brillensalamander an dem hinteren Ende des Zungenbeinkörpers fest, ohne als Verstärkung des Genio-hyoideus weiter zu strahlen. Ob sich dies bei den übrigen Ordnungen der geschwänzten Amphibien ebenso verhält, muss ich dahin gestellt sein lassen.

Die tiefe Portion Fig. 133 und 134. F. verhält sich bei allen mir bekannten Arten auf dieselbe Weise, d. h. sie durchsetzt, wie oben angedeutet, den Raum zwischen dem ersten und zweiten Kiemenbogen und gelangt in den seitlichen Furchen des Zungenbeinkörpers (also auf der der Mundhöhle zugekehrten Fläche desselben) zur Zunge, wo sie unmittelbar oberhalb des Ansatzes des Zungenbeinkörpers selbst ausstrahlt. Fig. 136. F.

Der Muskel (e) Fig. 133. endlich findet sich bei dem Landsalamander ebenfalls nicht vertreten; was wir an der entsprechenden Stelle hier sehen, ist folgendes: vom hintersten Ende des Zungenbeinhornes entspringt ein starker Faserzug, der seiner Hauptrichtung nach allerdings an den von Geotriton erinnert, er erreicht aber nicht den Unterkiefer, sondern strahlt an dem Punct, wo der Genioglossus sich vorne am Kieferwinkel zwischen die beiden Geniohyoidei einkeilt, in der sich hier etwas verbreiternden Linea alba des Mylohyoideus aus. Er wird von Rusconi mit Recht als tiefe Portion des letzteren aufgeführt. Durchschneidet man dieses Stratum, so stösst man auf einen Muskelzug, der ganz die Richtung des vorigen hat; er entspringt ähnlich wie der Muskel (e) auf Fig. 133. im Kieferwinkel und zieht nach hinten und aussen. Rusconi nennt ihn Hyoglossus, aber wie mir scheint, mit Unrecht, denn er hat mit dem Zungenbeinhorn nichts zu schaffen, sondern zieht dicht an der Dorsalfläche desselben nach rückwärts und strahlt erst weit hinten unter der Schleimhaut des Mundes aus. Er

verhält sich also gerade umgekehrt, wie (e') auf Fig. 134. und
kann unmöglich mit (e) in eine Parallele gestellt werden.
Ein Genioglossus ist bei Geotriton, entsprechend der freien Lage der Zunge, nicht vorhanden.

Die Wirkung dieser Muskeln ist mit wenigen Worten ab-
gemacht.

Der Abschnitt (d') wird, wenn er auf beiden Seiten zugleich
wirkt, die Kiemenspangen gegen die Mittellinie ziehen, also
den Winkel, welchen dieselben mit dem Zungenbeinkörper bilden, vergrössern; kurz er ist, wie oben schon angedeutet:
Adductor. Der Faserzug (d), durch (f) verstärkt, wird den
Unterkiefer herabziehen, den Mund also öffnen, während (e)
das Zungenbeinhorn kräftig nach vorne zieht. - F. auf Fig. 134.
ist der mächtige Zurückzieher der Zunge und bringt sie aus
ihrer aufgerichteten Stellung zugleich wieder in die horizontale Lage zurück.

3) **Die dritte Muskelschicht.** *Fig. 134. und 136.*

Erst hieher gehört eigentlich der Muskel FF; ich habe
jedoch vorgezogen, um den Zusammenhang nicht zu stören,
ihn schon bei der zweiten Schicht abzuhandeln. Es bleibt
mir nur noch übrig, zu bemerken, dass die beiden Seitenhälften da, wo sie im Begriffe sind, in die Kiemenspalte einzutreten, durch äusserst derbes Bindegewebe fest zusammen-
gehalten werden, was schon an und für sich auf eine syn-
chronische Wirkung beider hinweisen würde.

Ist Muskel (d) (e) (f) entfernt, so sieht man auf eine derbe
sehnige Haut, welche in dem ganzen Raum zwischen beiden Unterkieferhälften ausgespannt, ein eigentliches Diaphragma fibrosum oris repräsentirt. Daselbe ist vorzüglich stark in der Vorderhälfte des Intermaxillarraumes
entwickelt und besitzt hier auch zahlreiche, querlaufende
Muskelfasern, ohne dass es jedoch zur Ausprägung eines
gut differenzirten Muskels käme.

Diese fibröse Haut deckt in der Mittellinie den Ringmus-

kelschlauch (h) resp. den Zungenbeinkörper, und die Kiemenbögen von unten her zu, schlüpft dann an der Dorsalseite
der Muskeln (gg') nach aussen, befestigt sich am Zungenbeinhorn, begibt sich von hier unter den Faserzug (e') und
findet ihre Anheftung jederseits an der Maxille.

Von der Zunge ist noch nichts zu sehen, denn jene Membran bildet zugleich die Unterseite eines Kanals, in dem
der Zungenbeinkörper, wie die Reptilienzunge in ihrer
Scheide, hin und hergleitet. Vergl. Holzschnitt A.

Wird sie mit der Scheere eingeschnitten, so sind sämmt-
liche Theile wie aus ihrem Rahmen gelöst, und lassen sich
der klareren Einsicht wegen mit Nadeln noch mehr auseinander stecken. Dadurch erhält man die Fig. 134.

In der Mittellinie erscheint ein dicker Schlauch aus R i n g -
f a s e r n, welche aus fibrösem Gewebe bestehen und einen
u n g e m e i n e n R e i c h t h u m a n a u s s e r g e w ö h n l i c h
g r o s s e n g l a t t e n M u s k e l f a s e r n besitzen. (h). Derselbe
hat ungefähr Sanduhrform, jedoch ist dieser Vergleich nicht
ganz passend, da er sich nach vorne, wo er an der Ventralfläche
des Zungenbeins an der Zunge adhärirt, spindelförmig verjüngt.
Am hinteren Ende des Zungenbeinkörpers selbst und an der
Basis des ersten Kiemenbogens ist er fest angewachsen.

Wenn ich vorhin von Ringfasern sprach, so muss ich dies
dahin modificiren, dass diese nur für die hintere Hälfte gelten
können, da die circuläre Richtung nach vorne allmälig in
die longitudinale übergeht. Die Fasern schliessen sich, mit
andern Worten, in der vorderen Abtheilung nicht mehr an
der Dorsalseite des Zungenbeinkörpers zusammen, sondern
erzeugen hier e i n e n a c h o b e n o f f e n e H o h l r i n n e. Figur 136. (h'h'). Hier liegen die Muskeln (FF) frei zu Tage,
während sie im hinteren Bezirk durch die Ringfasern durchschimmern; Fig. 136. es handelt sich also hier um d a s m e r k -
w ü r d i g e V e r h ä l t n i s s, d a s s e i n e q u e r g e s t r e i f t e
L ä n g s m u s k u l a t u r v o n o r g a n i s c h e n R i n g m u s k e l -
f a s e r n u m s p o n n e n w i r d!

Nach aussen von diesem Schlauch liegen die Muskeln (gg').

Dieselben sind mit dem Diaphragma fibrosum äusserst fest verbunden und ziehen, wie die Fig. 134. zeigt, vom Dorsalsegment des ersten Kiemenbogens zum vorderen Theil des Zungenbeinhornes. Der Abschnitt (g) entspricht dem, sonst nur den Perennibranchiaten zukommenden Ceratohyoideus internus (Léon-Vaillant) (Pré-stylo-prébranchial; Dugès), während (g') dem Ceratohyoideus externus gleichzustellen ist. Im Gegensatz aber zu allen Urodelen insgesammt hebe ich ausdrücklich hervor, dass weder der eine noch der andere dieser beiden Muskeln mit der Knorpelunterlage selbst verwachsen ist, sondern dass (g) von der Fortsetzung eines starken fibrösen Schlauchs entspringt, der den langen Kiemenfaden umwickelt. Ich komme auf dieses merkwürdige Verhalten später noch einmal zurück und will nur noch anfügen, dass die Portion (g') von dem lockeren Bindegewebe seitlich am Muskel K ihren Ursprung nimmt.

Eine weitere Muskellage entspringt aus der medialen Seite der beiden Zungenbeinhörner (ii); dieselbe ist dort am kräftigsten entwickelt, wo sie sich mit ihrem freien Rand zwischen den beiden vordersten Spitzen der Zungenbeinhörner herüberspannt. Die musculösen Elemente verlieren sich nach hinten zu ganz allmälig und sind in der Horizontalhöhe des ersten Kiemenbogens ganz verschwunden. Dieses Stratum liegt schon dicht unter der Schleimhaut des Mundes und präsentirt sich von dort aus als die obere Wand eines Kanals, dessen Boden wir durch das Diaphragma fibrosum zu Stande kommen sahen. Ich bezeichne sie auf dem Holzschnitt A mit O, während der Boden bei B sichtbar ist; beide sind in der Mundhöhle mit Flimmerepithel überzogen. Auf Figur 134. bei LL. sieht man die Schleimhaut des Rachens von der Unterfläche und rückwärts abgeschnitten, was auf dem Holzschnitt A. der Stelle L' L' entspricht.

Die Deutung der Wirkungsweise dieser Muskeln kann keinen Zweifeln unterliegen. Was zunächst die Portion (gg')

anbelangt, so wird dadurch der ganze Zungenbeinapparat
nach vorwärts gerissen, welche Bewegung noch begünstigt
wird durch die gleichzeitig wirkende Muskelmasse (ee). Fig. 133.
Dazu kommt noch die schnürende Wirkung der Querfasern (ii)
Fig. 134. unter gleichzeitiger Spannung des Bodens der Zungen-
Scheide, in welchem, wie oben bemerkt, ebenfalls muskulöse
Elemente eingestreut liegen. Wir haben im letzteren also ein
zweites Prelltuch zu erblicken, während beide Wände
zusammen den nur lose in der Scheide liegenden Zungenbeinkörper hinausquetschen, wobei die Zunge zugleich auf-
gerichtet und über den Kieferwinkel hinübergehoben wird.

Dem Ringmuskelschlauch (h) schreibe ich doppelte Wirkung
zu. - Erstens wird seine hintere Hälfte die Retractoren FF. an
den Zungenbeinkörper fest angedrückt halten, also für deren
Fixation sorgen, während seine Längsfasern (h' h') im vorderen Abschnitt die Zunge aus der horizontalen in eine nach
vorne umgekippte Stellung zu bringen vermögen, wie dies
auf Figur 136. durch Einstechen der Nadel bei N. künstlich
bewirkt wurde. Vergl. den Holzschnitt C.

Ich komme nun endlich zur Betrachtung des, den langen
Kiemenfaden einwickelnden Muskels KK. Er zeigt sich von so
eigenthümlicher Anordnung, dass ich im Augenblick kein
Analogon aus der übrigen Thier-Reihe dafür anzuführen im
Stande bin. Ueber seine Wirkung bin ich längere Zeit im
Unklaren geblieben, glaube aber doch im Folgenden eine
ziemlich genügende Erklärung geben zu können; nebenbei
möchte ich aber das Studium dieses Muskels den Physikern
und Mechanikern an's Herz legen, da er, wie ich glaube,
auf die Gesetze der Bewegung ein neues Licht zu werfen
wohl geeignet sein dürfte!

Der ganze Knorpelfaden ist zunächst von einer Art von
fibröser Hose überzogen, die nur an einem einzigen
Punct demselben fest adhärirt, nemlich an der
Spitze. (Holzschnitt A bei S.) In der ganzen übrigen Ausdehnung ist der Knorpel frei beweglich und man kann ihn
nach Abtragung der Spitze durch einen kaum merklichen Zug

mit der Pincette aus seiner Hülle, wie künstlich rein präparirt, herausziehen. Nach vorne zu geht diese fibröse Hülse in gleich lockerer Anheftung auf die beiden Kiemenbögen über und ich habe schon oben bemerkt, dass der Muskel (g) auf Fig. 134. gerade davon seinen Ursprung nimmt. Damit aufs innigste verlöthet zieht sich nun vom lateralen Ende der Kiemenbögen bis zur Spitze des Fadens ein, bei ausgewachsenen Exemplaren 17-18 Millim. langer Muskelschlauch nach rückwärts, an dem man in natürlicher Lage eine ä u s s e r e , o b e r e und eine i n n e r e , u n t e r e F l ä c h e , sowie eine abgerundete o b e r e , i n n e r e und u n t e r e , ä u s s e r e K a n t e unterscheiden kann. Er bietet also auf dem Querschnitt keine Kreisfläche dar, sondern ein langgestrecktes Oval. Seine Faserzüge gehen schräg zur Längsaxe in einem Winkel von 30.° und sind i n z w e i S c h i c h t e n angeordnet, welche sich in schräger Richtung geradezu entgegenlaufen. Fig. 138. Diese Figur stellt einen Abschnitt der äusseren, oberen Fläche dar und man sieht in der Mitte zwei parallel laufende sehnige Streifen **, von welchen nach den Seiten hin zwei in derselben Richtung von aussen und hinten nach vorne und einwärts ziehende Fasergruppen entspringen. Diese greifen von beiden Seiten her über auf die untere, innere Fläche Fig. 141. , wo sie unter Bildung einer sehnigen Raphe zusammenstossen. (bei *). Dieses hochliegende Stratum ist somit nicht in der ganzen Circumferenz des Knorpelfadens geschlossen, sondern ist wie Figur 138. zeigt, zwischen ** offen. In diesem Zwischenraum erscheint die z w e i t e schräge Schicht (m.) welche, wie oben angegeben, unter der ersten weiterlaufend, dieselbe in umgekehrter Richtung wiederholt. Man kann diese beiden Lagen ohne besondere Mühe von einander abblättern, was an gekochten und mit K a l i c a u s t i c. behandelten Praeparaten noch viel besser gelingt; hiebei lassen sich auch die Faserrichtungen deutlicher überschauen. — Vorne hinter (g.) Fig. 134. treten die Fasern gabelartig auseinander, aber keine geht in den sich hier förmlich einkeilenden C e r a t o - h y o i - d e u s i n t e r n u s über.

Die topographischen Verhältnisse dieses Gebildes habe ich
schon weiter oben auseinandergesetzt und es erübrigt mir
nur noch, seine Beziehungen zur bedeckenden Haut und seine
physiologischen Eigenschaften zu besprechen.

Die Haut liegt an dieser Stelle sehr lose auf, oder besser gesagt, es findet sich unter derselben ein weiter Hohlraum,
der nur von sehr lockerem Bindegewebe und Fett erfüllt ist.
Am allerwenigsten fixirt ist die Spitze des Kiemenfadens,
denn man kann dieselbe, wenn man von der Seite her die Haut
ausschneidet und aufhebt, leicht hin und her bewegen; ist
der Hautschnitt gross genug, so fällt der ganze hintere Abschnitt des Fadens von selbst heraus. Es kann also von
einer Fixation von Seiten der Cutis nicht die Rede sein!

In der Nähe vom Vorderende des in Frage stehenden
Muskelschlauchs findet sich die Thymus und von ihr ausgehend erstreckt sich entlang der oberen Kante eine ziemliche Menge von Fettgewebe nach rückwärts, auf das ich hier
absichtlich noch einmal zurückkomme, weil es sich durch
einen ausserordentlichen Reichthum an Blutgefässen auszeichnet, die in ihrer Anordnung an Wundernetze erinnern.
Ich bin mir über die Bedeutung dieser Thatsache an den
Spiritus-Exemplaren, die mir allein bei meinen Untersuchungen zu Gebot standen, nicht klar geworden, und weiss
nicht, ob vielleicht an die, einer regressiven Metamorphose
unterworfenen Reste der foetalen Thymus zu denken ist. Es
scheint mir hiegegen der grosse Blutreichthum zu sprechen!

Die Bedeutung des Muskelschlauchs däucht mir eine doppelte zu sein: einmal wird derselbe dem Knorpelfaden das zu
leisten haben, was die Physiker mit « Führung » bezeichnen, und dann wird er durch seine Contraction denselben
mit grosser Energie nach vorwärts stossen können. Der Stoss
pflanzt sich auf die beiden Kiemenbögen fort, die ihrerseits
wieder durch den Adductor (d') Fig. 133. aus der horizontalen,
in eine mehr sagittale Richtung gebracht, eine gute Strecke
in die zu ihrer Aufnahme genügend weite Muskelhülse (h.)
Fig. 134. hineingetrieben werden. Wenn man dazu noch die

Wirkung der Muskeln (**gg'**) auf Figur 134. und der (**ee**) auf Figur 133. hinzuzieht, und endlich noch an die doppelten Prellscheiben denkt, so kann man sich leicht vorstellen, in welch ergiebiger und kraftvoller Weise das Hinausgeschleudertwerden der Zunge erfolgen wird (¹).

C.

Ob die tiefe Lage der den Kiemenfaden überziehenden Muskulatur die Wirkung eines Retractors für denselben haben kann, muss ich für's Erste dahingestellt sein lassen, es sind aber, wie auf der Hand liegt, viele Wahrscheinlichkeitsgründe dafür vorhanden.

Es erreicht dieses Thier mittelst dieses Apparates denselben Zweck im Interesse der Nahrungsaufnahme, wie das Chamaeleon, der Specht, der Ameisenfresser und das Schnabelthier, wenn es auch dazu ganz andere Mittel und Wege benützt. Hoffentlich ist es mir im Laufe dieses Jahres noch vergönnt, meine Studien hierüber am lebenden Thier im erwachsenen, wie im Larvenzustand zu erweitern!

_____

(¹) *Nachträgliche Anmerk.* Man kann sich übrigens hievon an S p i r i t u s - E x e m p l a r e n keine genügende Vorstellung machen, indem die Theile so sehr contrahirt sind, dass die Zunge höchstens so weit aus der Mundhöhle herausgezogen werden kann, wie dies Holzschnitt A zeigt. — A u f   w e l c h k o l o s s a l e   E n t f e r n u n g   a b e r   s i e   v o m   l e b e n d e n   T h i e r e   g e - schleudert   werden   kann,   erkenne   ich   erst   jetzt,   seit   es mir   gelang,   im   laufenden   Frühjahr   frische   Thiere   beo- bachten   zu   können.   —   Ich   verweise   hiefür   auf   Holz- schnitt C.

ERKLÄRUNG DER ABBILDUNGEN.

Bezüglich der specielleren Puncte verweise ich auf den Text!

—

TAFEL I.

Fig. 1. $^1/_1$. Salamandrina persp. von der Bauchseite (Vor der Häutung).
» 2. » » » (Nach der Häutung.) zweites Exemplar.
» .3. » » » (Drittes Exemplar).
» 4. » » » Von der Rückenseite.
» 5. $^3/_1$. Kopf desselben Thieres von der Seite.
» 6. $^1/_1$. » von Salamandra macul. Halbausgewachsenes Thier.
» 7. $^2/_1$. » » Triton alpestris.
» 8. » » » Geotriton fuscus.

TAFEL II.

Wirbelsäule von Salamandrina.

Fig. 9. $^{12}/_1$. Erster Brustwirbel von oben.
» 10. » » » von unten.
» 11. » Vorderer Abschnitt der Wirbelsäule von oben.
» 12. » Erster Brustwirbel von hinten.
» - 13. » » » von vorne.
» 14. » Vierzehnter Wirbel von der Seite.
» 15. » Fünfzehnter » von vorne.

TAFEL III.

Wirbelsäule von Salamandrina.

Fig. 16. $^{12}/_1$. Vorderer Abschnitt der Wirbelsäule von der Seite.
» 17. »   »   »   »   von unten.
» 18. »   Dritter Caudal-Wirbel von hinten.
» 19. »   »   »   von der Seite.
» 20. »   »   »   von vorne.
» 21. »   Siebenter Caudal-Wirbel von vorne.

TAFEL IV.

Wirbelsäule von Salamandrina.

Fig. 22. $^{12}/_1$. Siebenter, achter und neunter Caudalwirbel von
          unten.
» 23. » 22ter Caudal-Wirbel von unten.
» 24. » 15ter »   »
» 25. $^{30}/_1$. Ende der Schwanzwirbelsäule von der Seite.
» 26. $^{12}/_1$. Atlas von der Seite.
» 27. »   »   von oben.
» 28. »   »   von vorne und etwas von der Seite.
» 29. »   »   von unten.
» 30. $^{18}/_1$. 20ter Caudalwirbel von der Seite).
» 31. $^{12}/_1$. 8ter »   »

TAFEL V.

Alle Gegenstände sind unter der Lupe gezeichnet.

Fig. 32. Os parasphenoideum von oben.
» 33. Maxilla inferior von oben. (Rechte Seite. Die Zähne
          sind nicht mitgezeichnet).
» 34. »   »   von innen. (Rechte Seite).
» 35. Die 16. Rippenpaare.
» 36. Os parasphenoideum von oben (anderes Exemplar).

Fig. 37. Maxilla inferior. Das Dentale externum ist abgesprengt; man sieht auf den nun frei liegenden
Meckel'schen Knorpel sammt Nerv von aussen her.

» 38. Dentale externum. (Von der Innenseite).

TAFEL VI.

Schädel von Salamandrina.

Fig. 39. $^8/_1$. Ansicht von oben.
» 40. »   »   von unten.
» 41. »   »   von der Seite.
» 42. »   »   von vorne.
» 43. »   »   von hinten.

TAFEL VII.

Erklärung von Tafel VI.

TAFEL VIII.

Schädeltheile von Salamandrina.

Fig. 44. $^8/_1$. Schädel mit abgesprengtem Dach. Auch die Regio
naso-oralis sammt Oberkiefer und Suspensorium
ist abgetragen; nur Hinterhauptsbeine, Parasphenoid, Alae parvae und das Vomero-palatinum ist erhalten.

» 45. » Schädelansicht von unten. Os pterygoideum, Oberkiefer, die ganze Regio nasalis und das eine
Vomero-palatinum ist abgetragen, um das Verhalten der Processus uncinati ossis frontis zur
Spitze des Parasphenoids resp. dem Vomero-
palatinum zu sehen.

» 46. $^{12}/_1$. Os maxillare superius und das Fronto-lacrimale
sind abgesprengt und dadurch das Cavum na-
sale von aussen her geöffnet. Man sieht die
Communications-Lücke mit dem Cavum inter-

maxillare, sowie das Loch für den Olfactorius
und das Verhältniss des Os frontale zum Vomero-palatinum.

Fig. 47. $^{40}/_1$. Tympanicum der rechten Seite von aussen.

» 48. » Os occipito-petrosum, parietale, orbito-sphenoid.
und parasphenoidale von der Schädelhöhle aus
betrachtet.

» 49. » Orbitosphenoid der rechten Seite von aussen.

» 50. » Arcus fronto-tympanicus. Tympanicum mit Quadrato-jugale und Pterygoid in natürlicher Lage.
Von oben und vorne gesehen.

» 51. Zahn aus dem Unterkiefer der Salamandrina in ge-
borstenem Zustand. (*Hartmack.* IV.)

» 52. $^{19}/_1$. Das Tympanicum ist abgenommen; man sieht von
rückwärts und aussen auf das Quadrato-jugale
und Pterygoid in ihrem Verhältniss zum Petroso-occipitale mit den halbcirkelförmigen Canälen.

TAFEL IX.

Erklärung von Tafel VIII.

TAFEL X.

Schädeltheile der Salamandrina mit der Lupe gezeichnet.

Fig. 53. Rechtes Nasenbein von oben.

» 54. Zungenbein-Kiemen-Apparat von oben.

» 54.ª   »   »   von der Seite.

» 55. Rechtes Nasenbein von unten.

» 56. Os intermaxillare von oben und hinten.

» 57.   »   »   und von vorne.

» 58. Fronto-lacrimale der linken Seite, von aussen und
hinten gesehen.

» 59. Vordere Zungenbeinhörner mit Copula (*bei stärkerer
Vergrösserung*).

Fig. 60. Stirnbein der rechten Seite von innen gesehen.
» 61. Die vereinigten Stirnbeine von unten.
» 62. Oberkiefer der rechten Seite von innen.

TAFEL XI.

Schulter-und Beckengürtel der Salamandrina.
Knochen der Extremitäten.

Fig. 63. Das gegenseitige Verhältniss der beiden Coracoide; das Sternum ist weggelassen. Halbsche-
matisch.
» 64. $5/_1$. Vorder-Extremität der linken Seite.
» 65. $10/_1$. Humerus von oben.
» 66. » Radius » »
» 67. » Ulna » »
» 68. Endphalange eines Fingers. *Bei stärkerer Ver-*
grösserung.
» 69. $15/_1$. Carpus der linken Seite von oben.
» 70. $8/_1$. Os ischio-pubicum und Cartilago ypsiloides von
vorne.
» 71. $12/_1$. Schulterblatt der linken Seite von oben.
(Die einzelnen Theile sind fast ganz in die Hori-
zontale projicirt.
» 72. $8/_1$. Becken von oben (innen) mit durchschnittenem
Os ilei.
» 73. » Cavitas glenoidalis gebildet durch den Zusammenstoss des Os ilei und ischio-pubicum.
Der Femur ist exarticulirt.
» 74. $10/_1$. Femur der linken Seite von oben.
» 75. $5/_1$. Hinter-Extremität der linken Seite.
» 76. $10/_1$. Femur der linken Seite von vorne.
» 77. » Tibia » »
» 78. » Tibia » von oben.
» 79. $15/_1$. Tarsus der linken Seite von oben.
» 80. $10/_1$. Fibula der linken Seite von oben.
» 81. » » » » vorne.

TAFEL XII.

Fig. 82.   Schädel des Triton cristatus von oben. *Schw. Vergr.*
»   83.   »   »   »   von unten.
»   84. ³/₁.   »   »   alpestris von oben.
»   85. »   »   »   taeniatus   »
»   86. ⁴/₁.   »   »   helveticus   »
»   87. »   »   »   »   von unten.
»   88.   »   »   Geotriton fuscus von oben.
»   89.   »   »   Salam. atra   »
»   90.   »   »   Geotriton fuscus von unten.
            *Die Knochen des letzteren Schädels sind theilweise
            abgehoben, um das unterliegende Knorpelgerüste
            zu zeigen. Die hyaline Nasenkapsel ist an der
            Oberwand mit der Scheere ringsum eingeschnitten.*

TAFEL XIII.

Fig. 91.   Knorpeliges Nasengerüst von Salam. macul. Die
            Nasenkapseln sind wie auf Fig. 90. einge-
            schnitten, wodurch der Boden und die Choa-
            nen sichtbar geworden sind. *Halbschematisch.*
»   92. ³/₁. Stirnbein und Vorderende des Basi-sphenoids
            von Tropidonotus natrix von vorne und unten.
»   93.   Regio ethmoidalis von Rana esculenta.
»   94.   Isolirtes Stirnbein von Tropidonotus natrix von
            innen gesehen.
»   95.   Zungenbein-Kiemenbogen-Apparat von Salam.
            macul.
»   96.   Derselbe von Salam. atra.
»   97.   Rückenansicht des Geotriton fuscus. Die Haut
            ist entfernt, um die Kiemenfäden *in situ* zu
            zeigen.
»   98.   Zungenbein-Kiemenbogen-Apparat von Trit. cri-
            status.

Fig. 99. Zungenbein-Kiemenbogen-Apparat von Trit. alpestris.

» 100. Schädelansicht des Trit. torosus von oben. (nach Eschscholtz).

» 101. Zungenbein-Kiemenbogen-Apparat mit Zunge von Geotr. fuscus. Die Zungenbeinhörner sind hinten abgeschnitten.

» 102. Regio fronto-nasalis von Trit. ensatus von oben.

» 103.   »   »   »   von unten.
(Beides nach Eschscholtz).

TAFEL XIV.

Fig. 104. $^6/_1$. Zwei Brustwirbel mit Rippen von Geotriton von unten.

» 105. $^4/_1$. Abnormer Sacralwirbel des gefleckten Landsalamanders von oben.

» 106. $^6/_1$. Brustwirbel des Trit. crist. von oben.

» 107. » Caudalwirbel des Trit. taeniatus von der Seite.

» 108. $^4/_1$. Os ischio-pubicum des Geotriton von unten.

» 109. » Schulterblatt von Geotriton, beinahe ganz in die Horizontale projicirt. Linke Seite.

» 110. $^6/_1$. Sternum des Geotriton.

» 111. » Hand und Carpus des Geotriton. Linke Seite. (von oben).

» 112. $^4/_1$. Fuss und Tarsus des Geotriton. Rechte Seite.

» 113. $^6/_1$. Fuss und Tarsus des Trit. helveticus (Rechte Seite).

» 114. $^4/_1$. » » » Trit. cristat. » »

» 115. » Schulterblatt von Sal. atra von oben. (Linke Seite). Beinahe in die Horizontale projicirt.

» 116. » Carpus von Sal. atra. Rechte Seite.

» 117. » Tarsus » » » »

TAFEL XV.

Fig. 118. Mundhöhle der Salamandrina geöffnet.
Oe. Ausmündungsstelle der Intermaxillar-Drüse.

BB. Bulbi oculi.

Ch. Choanen.

Z. Zunge.

Fig. 119.   Gland. thyreoid. von Geotriton. (*Hartnack.* IV.)

»   120. $\frac{15}{1}$. Dem Uterus (unmittelbar hinter der Cloake) entnommener Foetus der Salam. atra. Die Kiemen sind schon weit zurückgebildet.

»   121. $^4/_1$. Rechter Vorderarm und Hand von Salamandrina von der Volarfläche.

     W. W. Hautwarzen.

»   122. $^2/_1$. Weibl. Salamandrina mit reifen Eiern von der Bauchseite her geöffnet.

     C. Haut der Unterkiefergegend.

     Z. b. A. Zungenbein-Apparat.

     H. Herz.

     L. Leber.

     Ovd. Oviduct.

     D. Duodenum.

     Ov. Ovarium.

     Bl. Collabirte Blase.

     O. Reife Eier im weit ausgedehnten Oviduct.

     R. Mastdarm.

»   123. $^3/_1$. Z. Endfaden des Harnsamenleiters von Geotriton. XX. Hydatydenartige Anschwellung desselben. P. a. Vorderer platter Theil der Niere (Nebenhoden) und des Harnsamenleiters Hs.-B. S. Verbindungsstrang zwischen Hoden und dem Endfaden.

     H. Hoden.

     Hs. Harnsamenleiter.

     V. e. Vasa efferentia testis.

     NN. Niere.

     Y. Schlinge des Harnsamenleiters.

     V. Verdickter hinterer Theil der Niere.

     HL. Dicht gedrängt liegende Harnleiter.

     R. Rectum.

U. Blasenhals.

Pr. Prostata.

C. S. Cloakenspalte.

Fig. 124. $^3/_1$. Weibliche Geschlechtsorgane des Geotriton.
    Intr. ovd. Eingang zum Oviduct. Das Bauchfell
    sitzt ringsum noch daran.

Ovd. Oviduct.

Ov. Ovarium.

*. Uterus.

N. Niere.

U. Ureter.

HL. Auf der Ventralfläche des hinteren verdickten
    Nierentheils aufliegender Harnleiter.

Z. Z. Haupt-Ausführungsgang desselben.

S. Secundäre Ureteren.

V. Verdickter hinterer Nierentheil.

TAFEL XVI.

Fig. 125. $^6/_1$. Gehirn der Salamandrina von der Seite.

» 126. » Dasselbe von unten.

» 127. » Dasselbe von oben. Die Zirbel ist weggenommen.

» 128. » Cloaken-Ende eines Prostata-Schlauches von
    Geotriton. Das Ende ist angerissen und zeigt
    die gestreifte, ausquellende Flüssigkeit. Inh.
    (*Hartnack.* VII.)

» 129. $^2/_1$. Salamandrina von der Bauchseite aufgeschnitten.
    Die Ovarien sind entfernt und der Darmtractus
    nach aussen gelegt.

Ph. Pharynx.

Vent. Magen.

Mi. Milz.

Pc. Pancreas.

Il. Ileum.

R. Rectum.

N. Nieren.

Ovd. Oviduct.

Int. ovd. Eingang zu demselben.

Fig. 130.   Prostata-Schläuche von Geotriton. Der eine ist etwas angerissen und zeigt den austretenden Inhalt bei Inh. (*Hartnack.* IV.)

» 131. ⁴/₁. Die in zwei Theile zerfallende Niere von Salamandrina.

Na. Vorderer Nb. Hinterer Theil derselben.

Hl. Harnleiter.

Ovd. Oviduct.

» 132. ⁴/₁. Cloakengegend der weibl. Salamandrina.

N. Niere mit Vene.

R. Rectum.

Ovd. Oviduct.

L. Lippenartige Bildung in der Cloake.

Bl. Blase.

S. Furche auf dem Blasenscheitel. (*Unter L. sieht man die Genital-Papille*).

TAFEL XVII.

Fig. 133. ³/₁. Kopf des Geotriton von unten. Man sieht die zweite Muskellage am Boden der Mundhöhle. Ueber die Bedeutung der einzelnen Buchstaben dieser und der nächsten Figur vergleiche den Text.

» 134. ⁴/₁. Musculatur am Boden der Mundhöhle (dritte Schicht) nach Durchschneidung des Diaphragma fibrosum. Die Dorsalsegmente des I. Kiemenbogens sind abgeschnitten.

» 135.   Samenfäden des Geotriton. (*Hartnack.* VIII.)

EE. Vorderes Ende.

P. Der halbmondförmige Protoplasma-Körper.

MM. Die undulirende Membran, welche bei U abgerissen ist.

» 136. ⁴/₁. Ringmuskelschlauch des Zungenbeinkörpers von oben mit den darin liegenden Retractores

linguae. Die Zunge ist bei N. mit einer Nadel
nach vorne geklappt, so dass man auf die
untere (hintere) Fläche sieht.

I. Kv. II. Kv. Erster und zweiter Kiemenbogen.
KK. Dorsalsegmente des I. Kiemenbogens (*abgeschnitten*).

Fig. 137.   Hautpapillen mit Oeffnungen von Salam. persp.
(*Hartnack.* IV.)

» 138.   Stück aus der Musculatur vom Dorsalsegment
des I. Kiemenbogens von Geotriton. Obere
(äussere) Fläche; mit der Lupe gezeichnet.
m. Tiefe Schicht.
nn. Hohe Schicht.

» 139. $^1/_1$. An einem Aestchen aufgehängte Eier von Salam.
persp. Sie sind durch Schnüre theils unter
sich, theils am Holz angeheftet.

» 140.   Sphenoidalzähne des Geotriton. (*Hartnack.* IV.)
O. O. Die dieselben verbindende poröse Kno-
chenmasse mit den Gruben, aus welchen die
Zähne theilweise herausgefallen sind. Das
Ganze ist bei der Ansicht von vorne her gezeichnet, wobei die Zähne den Schein erregen,
als wären sie nur einzackig, da die hintere
kleinere, von der vorderen grösseren Spitze
genau in der Richtung der Längsaxe des
Schädels gedeckt wird.

» 141.   Stück aus der Musculatur des Dorsalsegments
vom I. Kiemenbogen des Geotriton. Untere
Fläche; mit der Lupe gezeichnet.
n' n'. Hohe Muskelschicht.
*. Sehnige Zwischen-Zone.

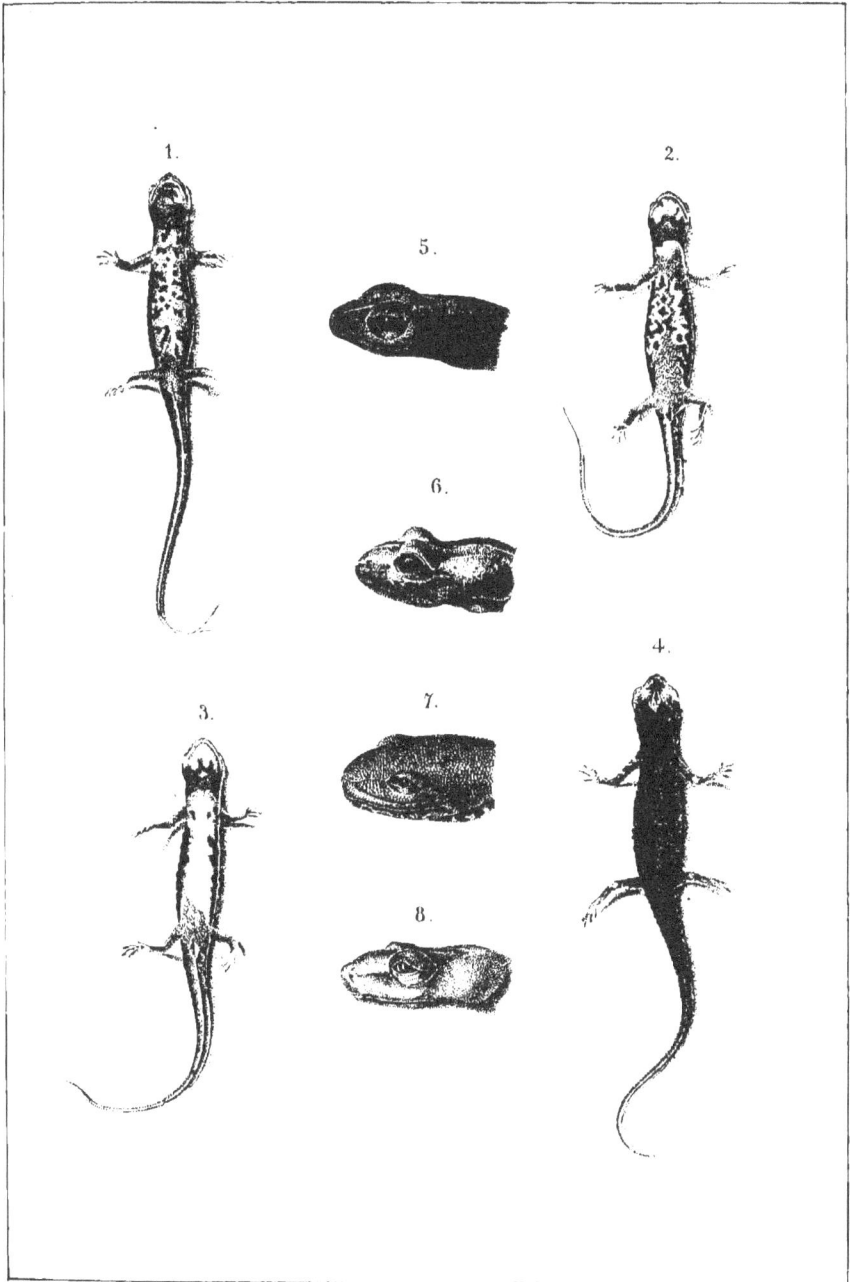

Rabus del.

Lith. J. A. Hofmann, Würzburg.

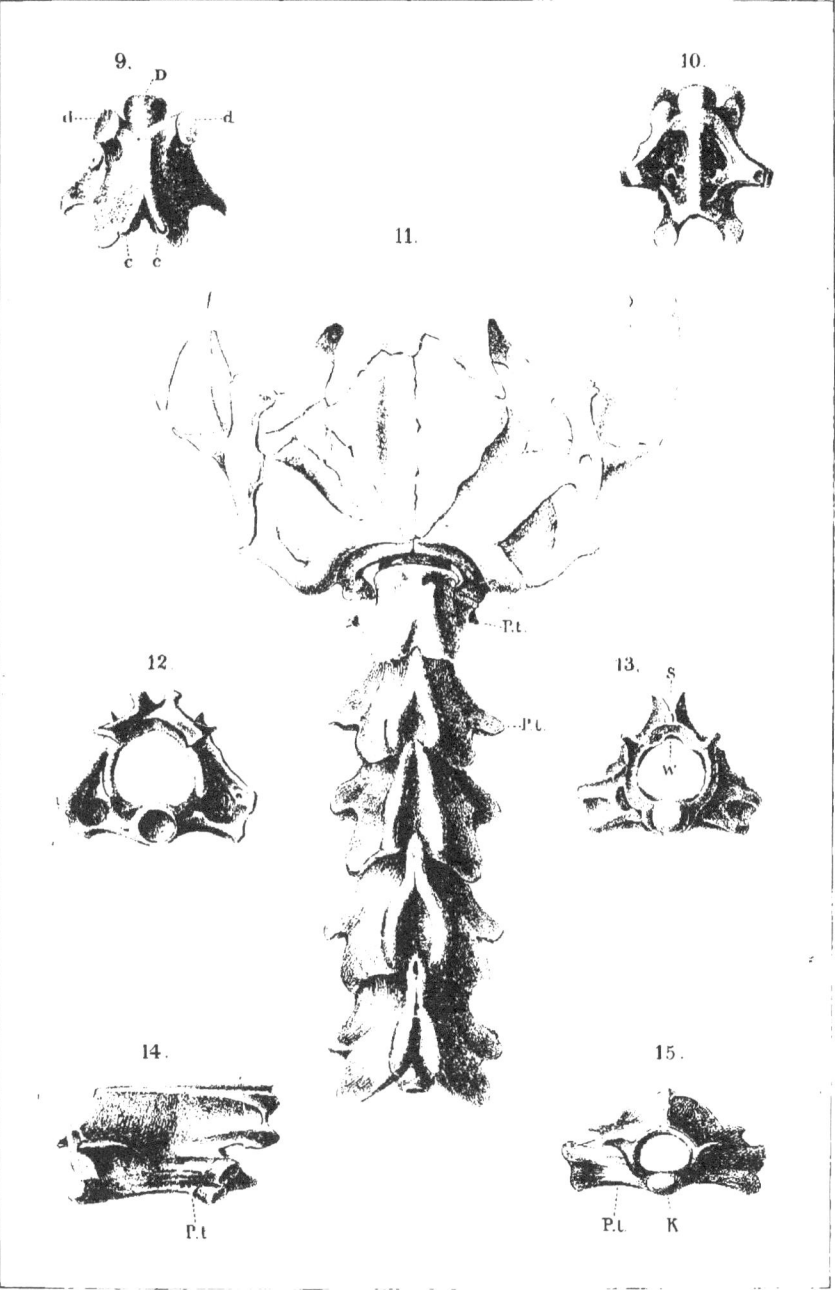

Rabus.del.   Lith. J.A.Hofmann,Wurzburg.

16.

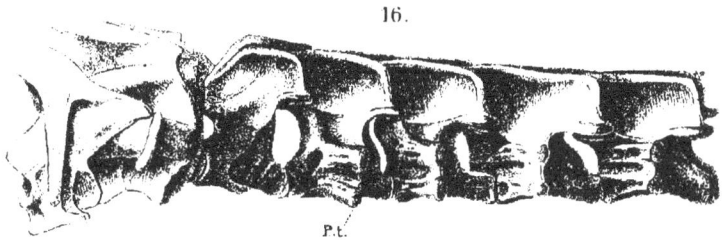

P.t.

17.

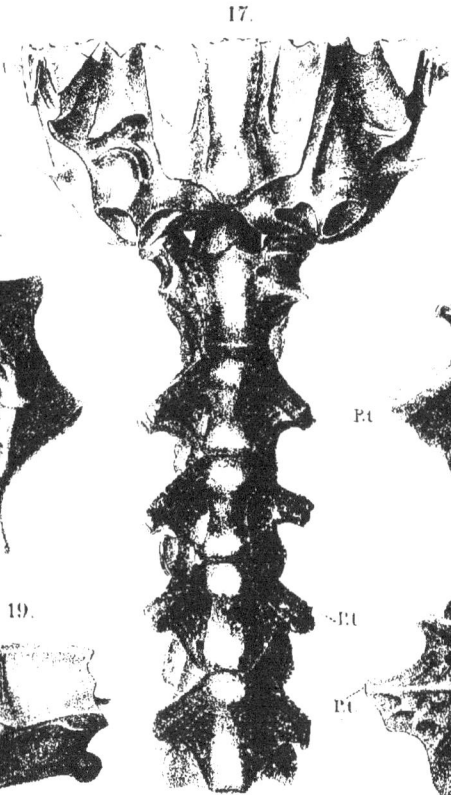

18.

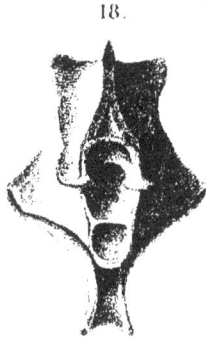

20.

P.t

19.

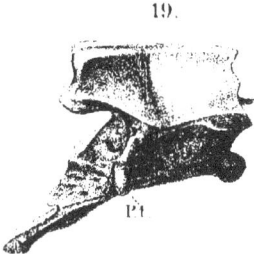

21.

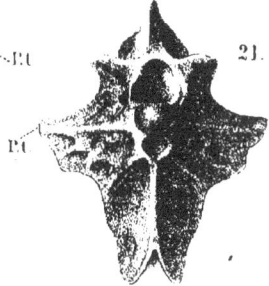

P.t

P.t

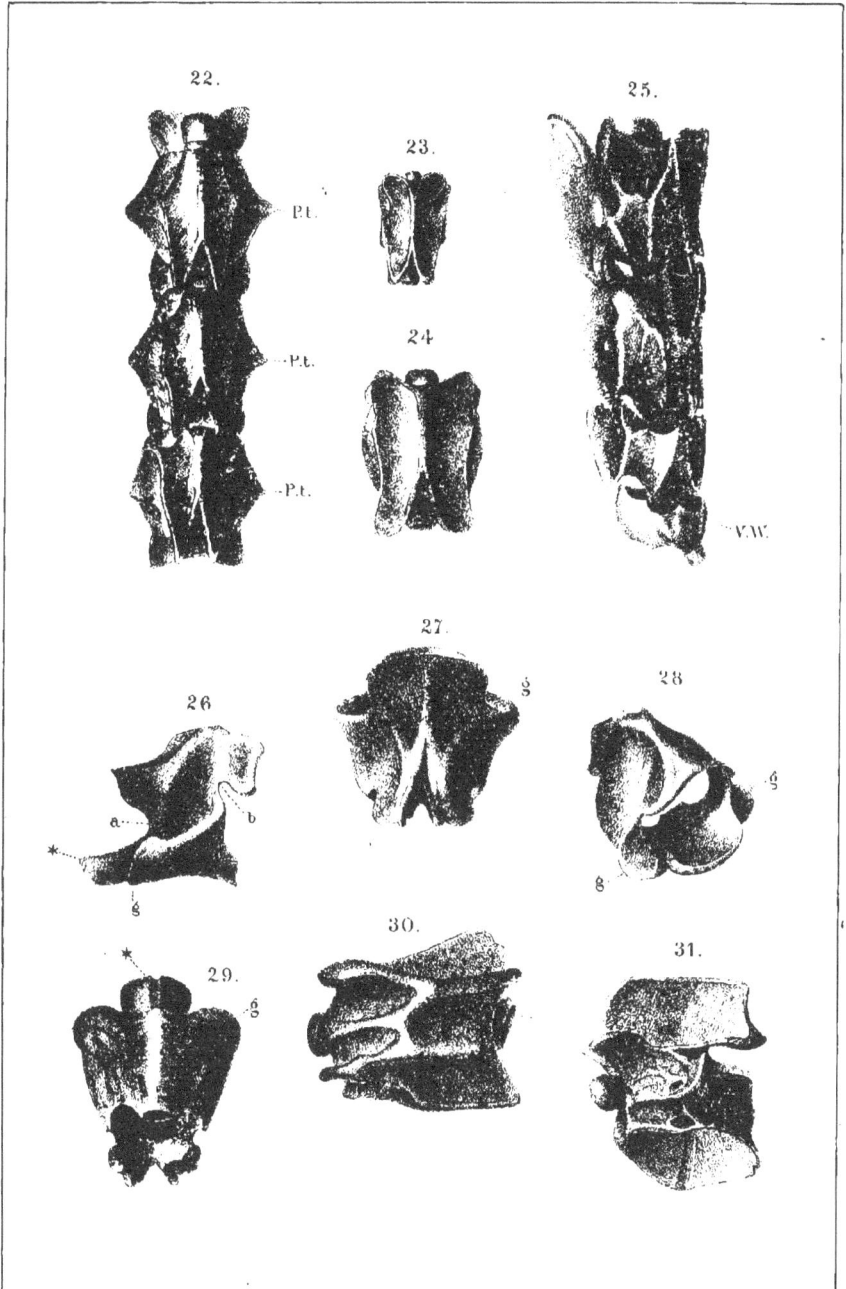

Rabus, del.   Lith J.A.Hofmann, Wurzburg.

•

32.

36.

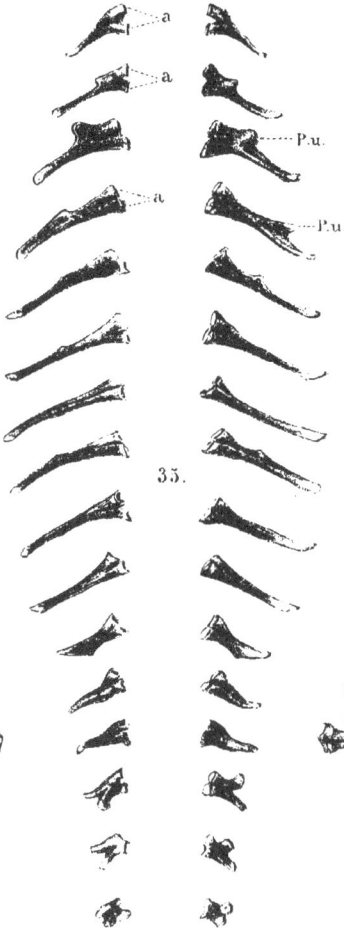

35.

33.

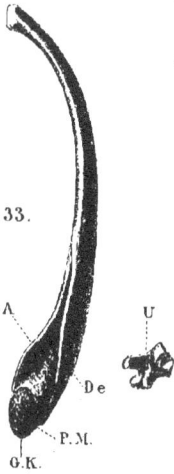

37.

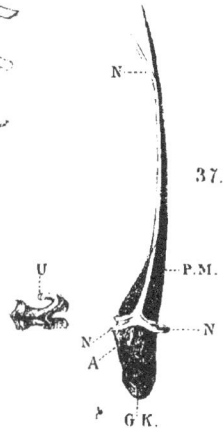

34.

38.

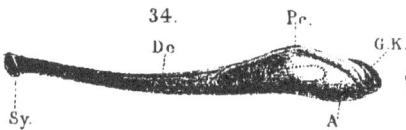

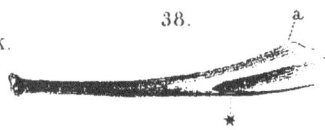

Rabus.del.   Lith.J.E.Hermann.Wurzburg

39.   40.

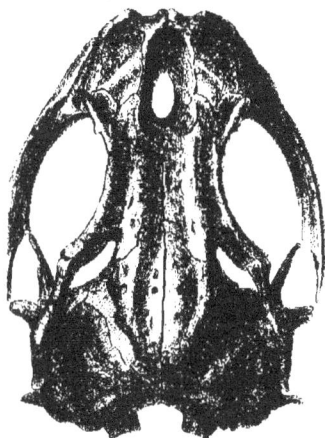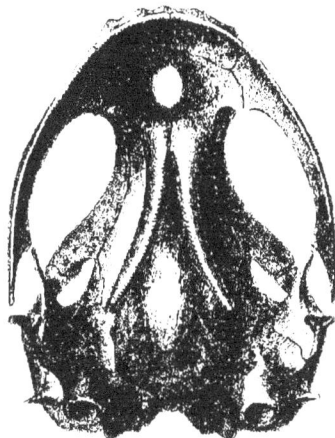

41.

42.   43.

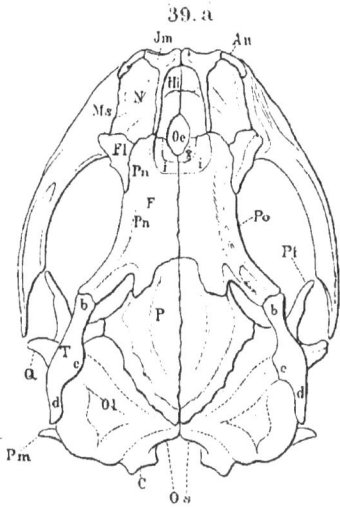

39. a

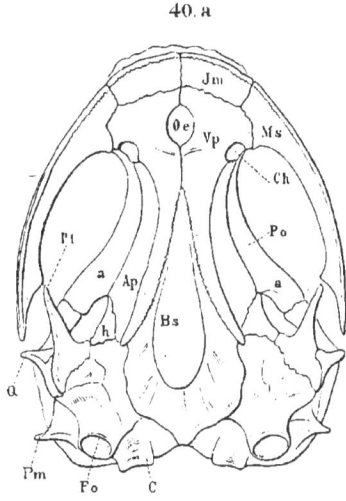

40. a

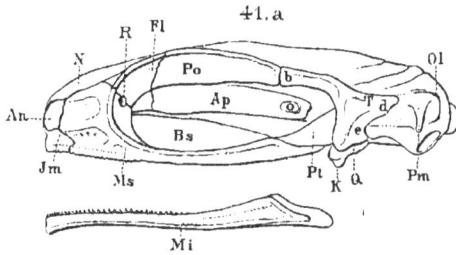

41. a

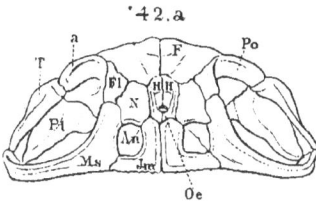

42. a

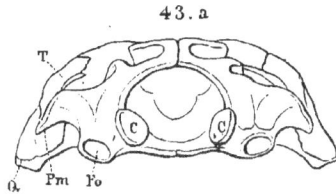

43. a

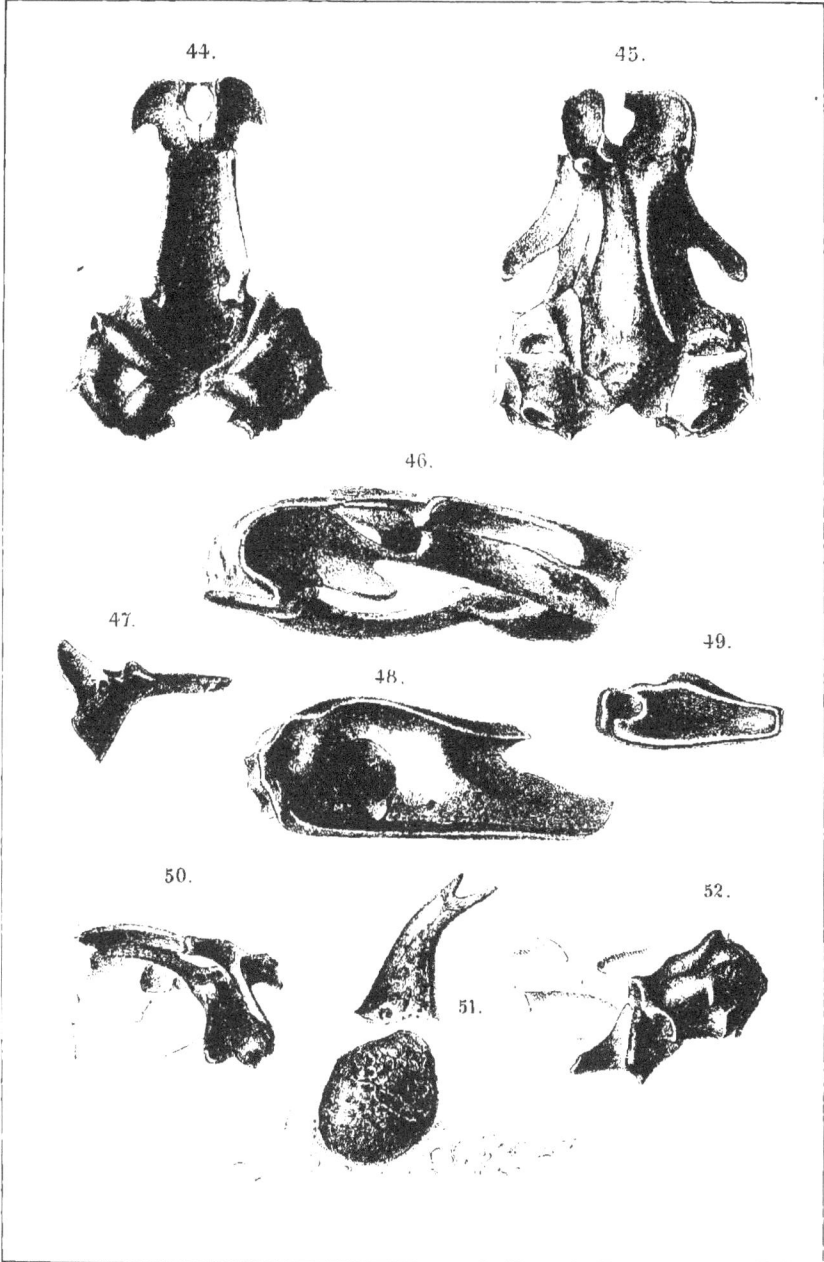

44.

45.

46.

47.

49.

48.

50.

51.

52.

Rabus del.   Lith. J. A. Hofmann, Wurzburg

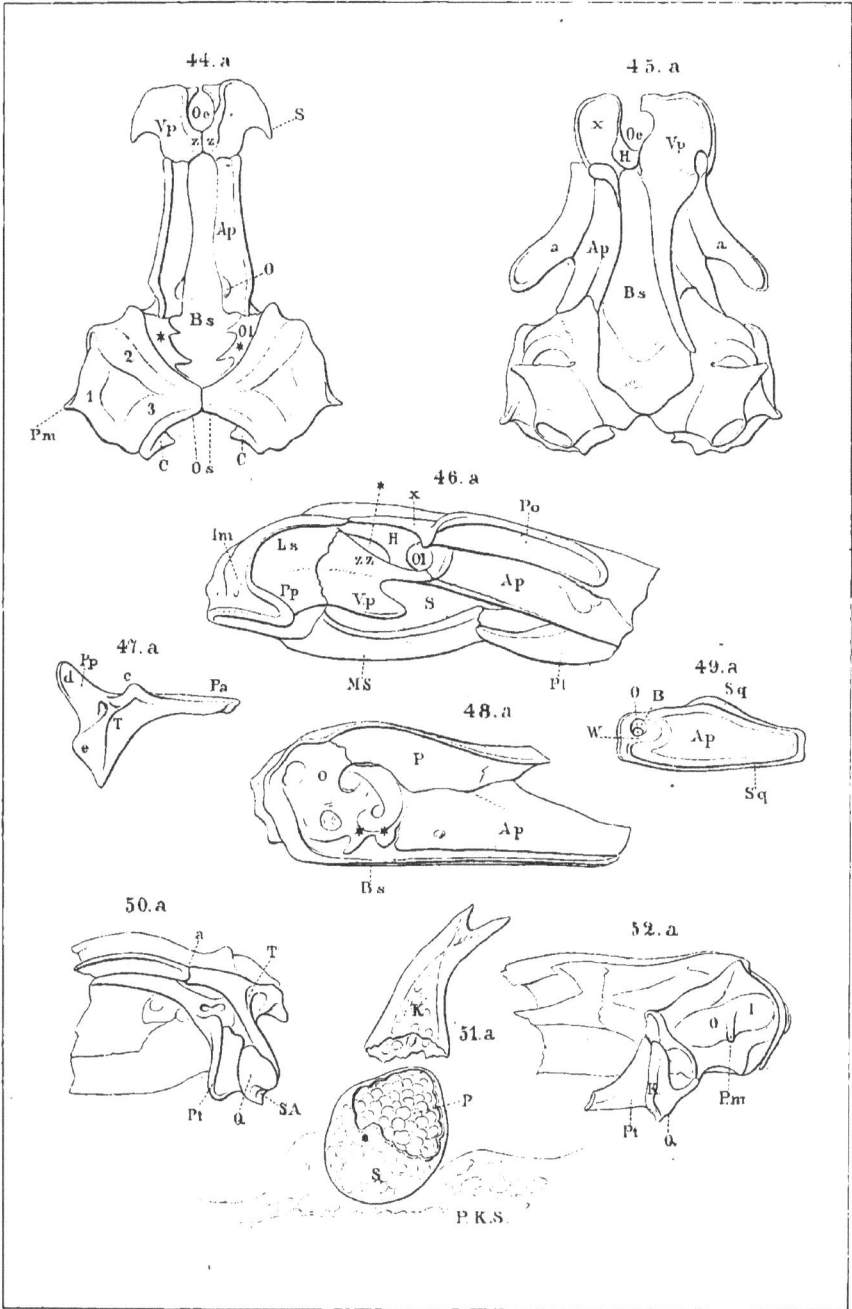

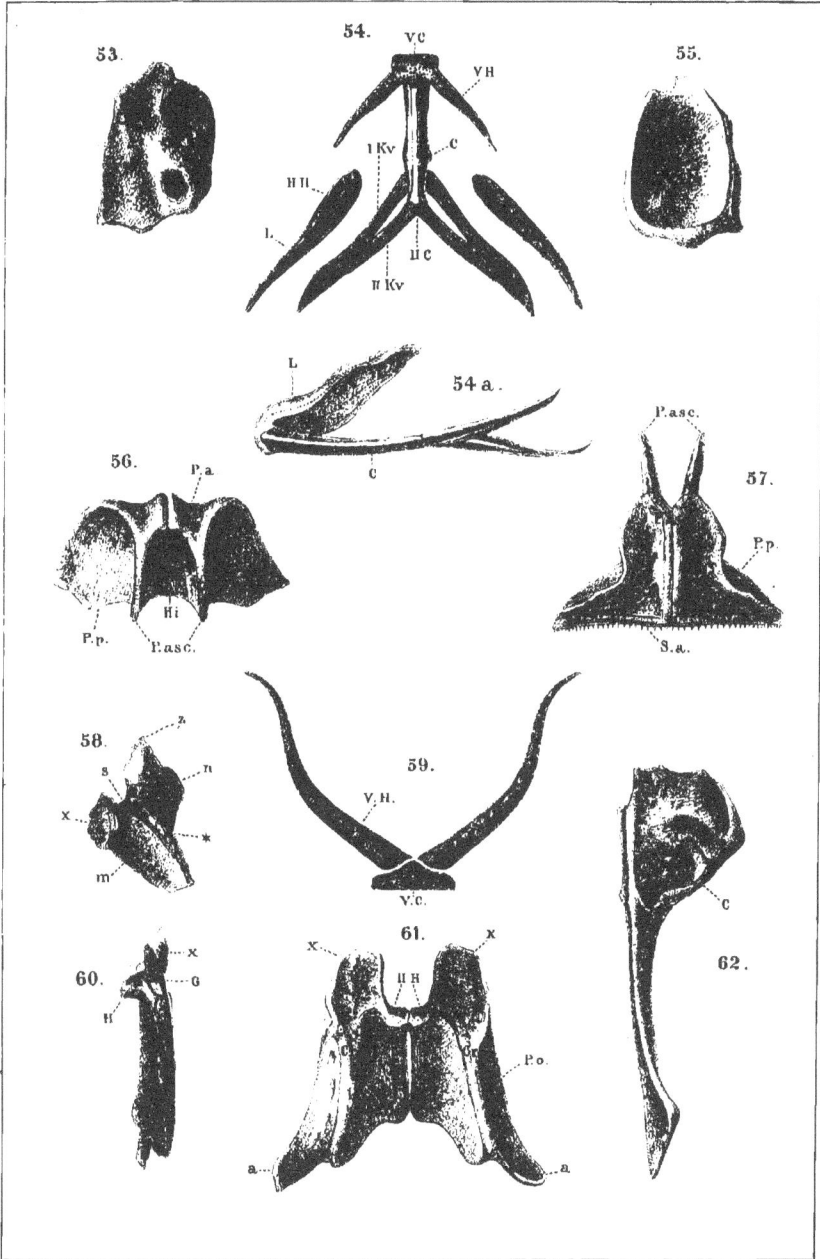

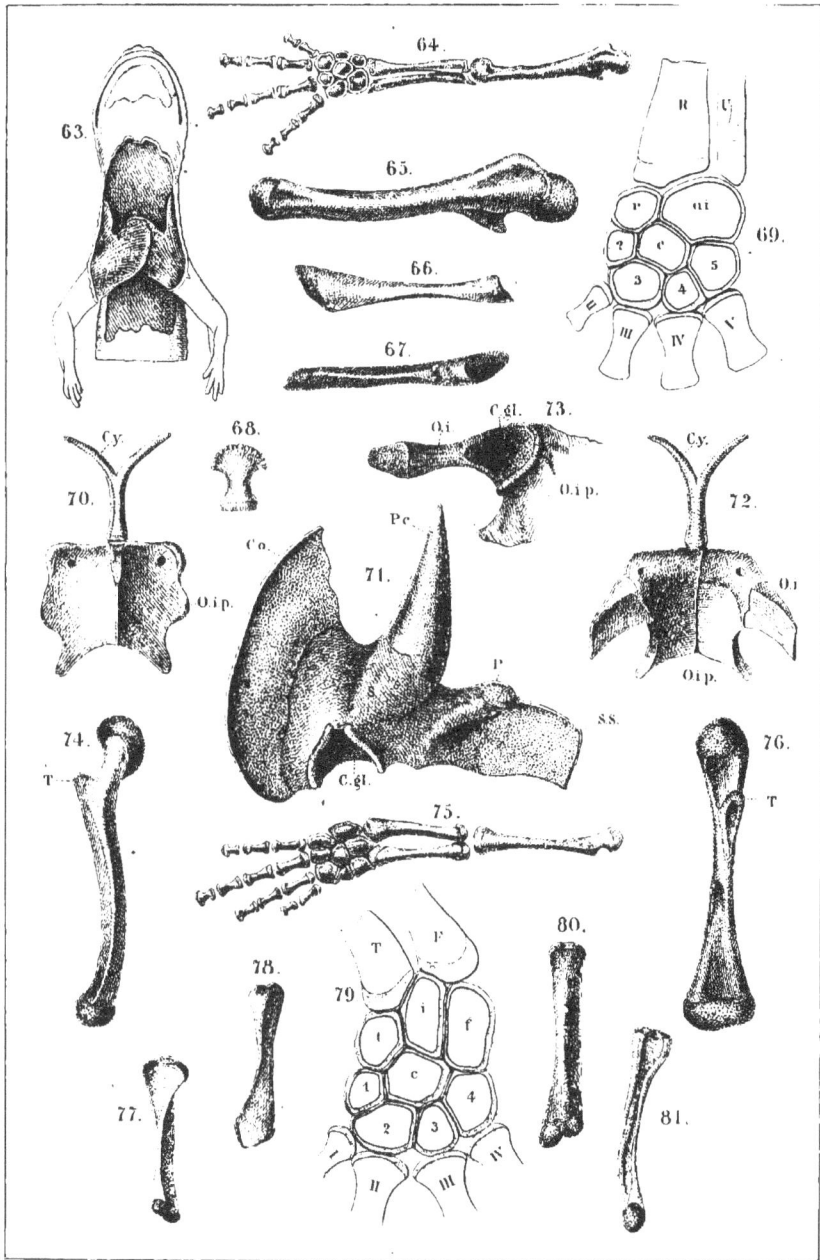

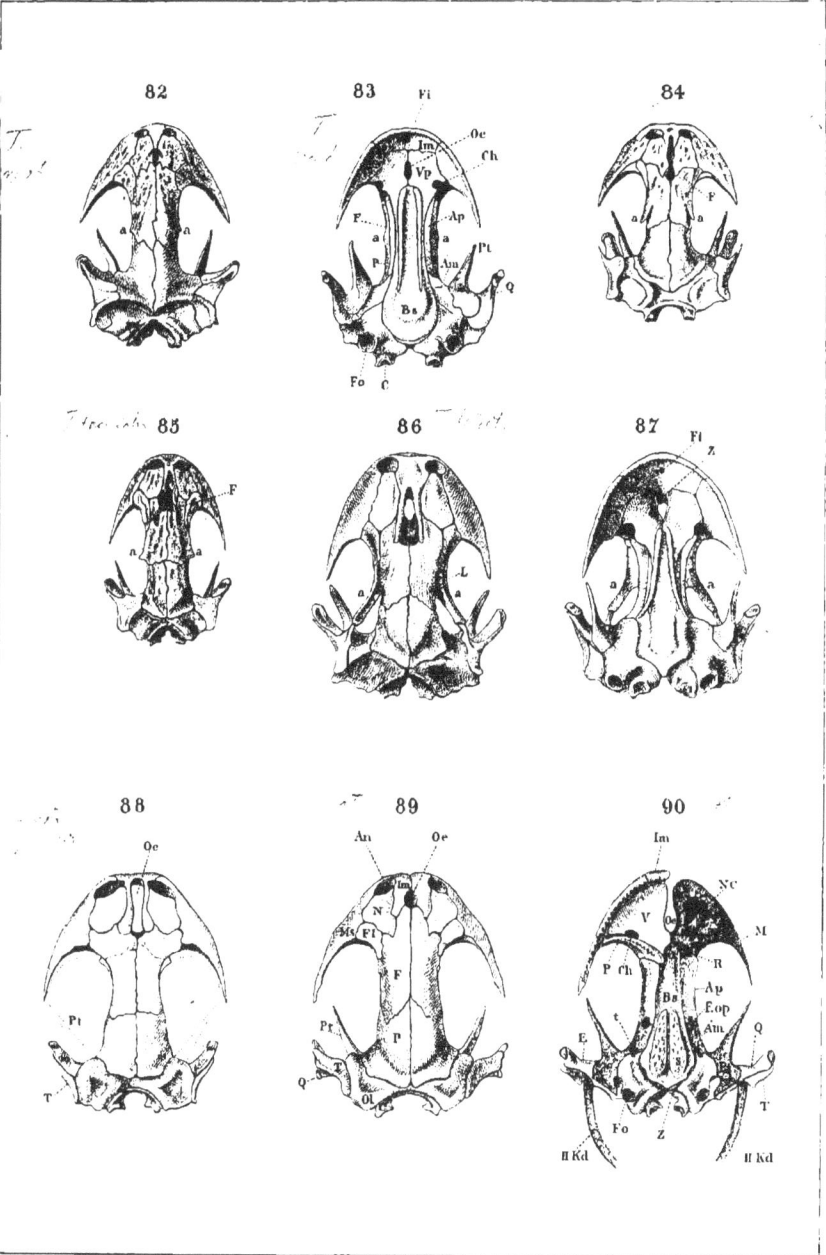

Rabus, del.   Lith.J.A.Hofmann,Würzburg.

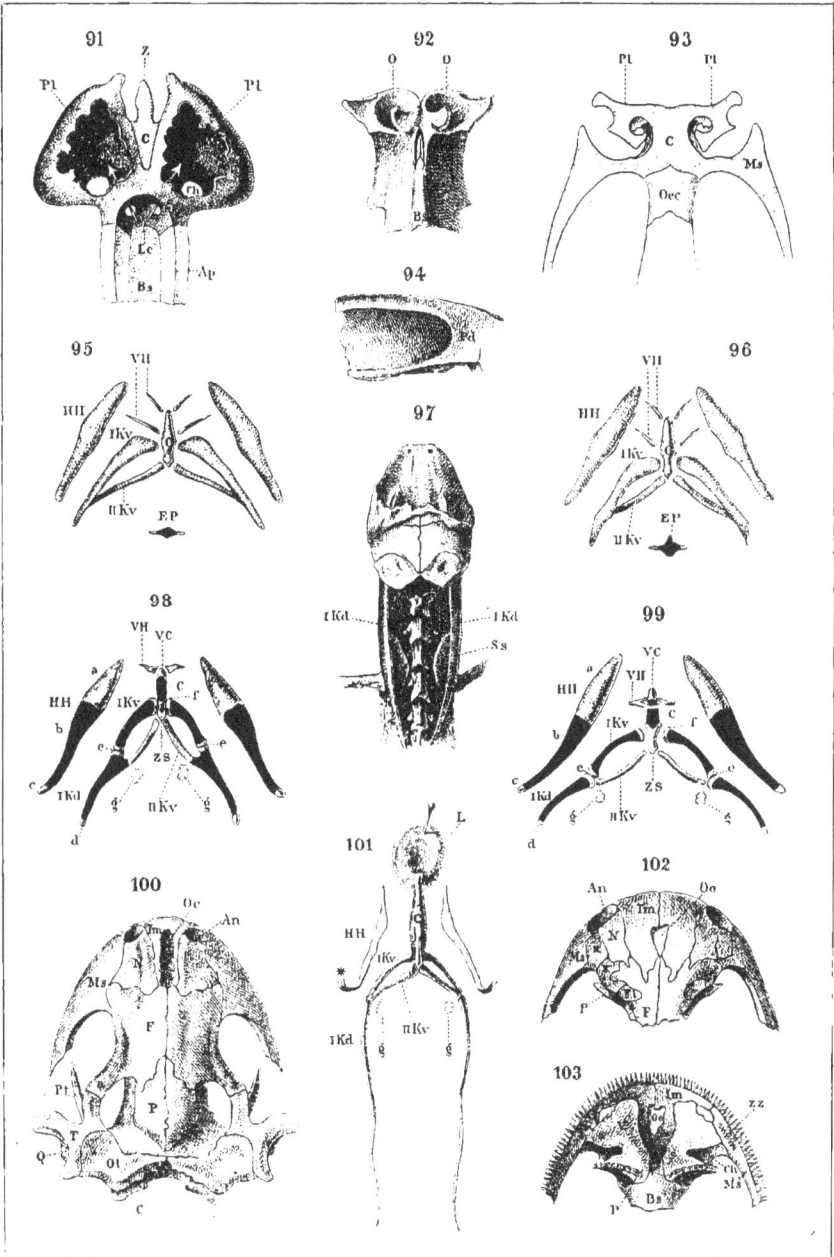

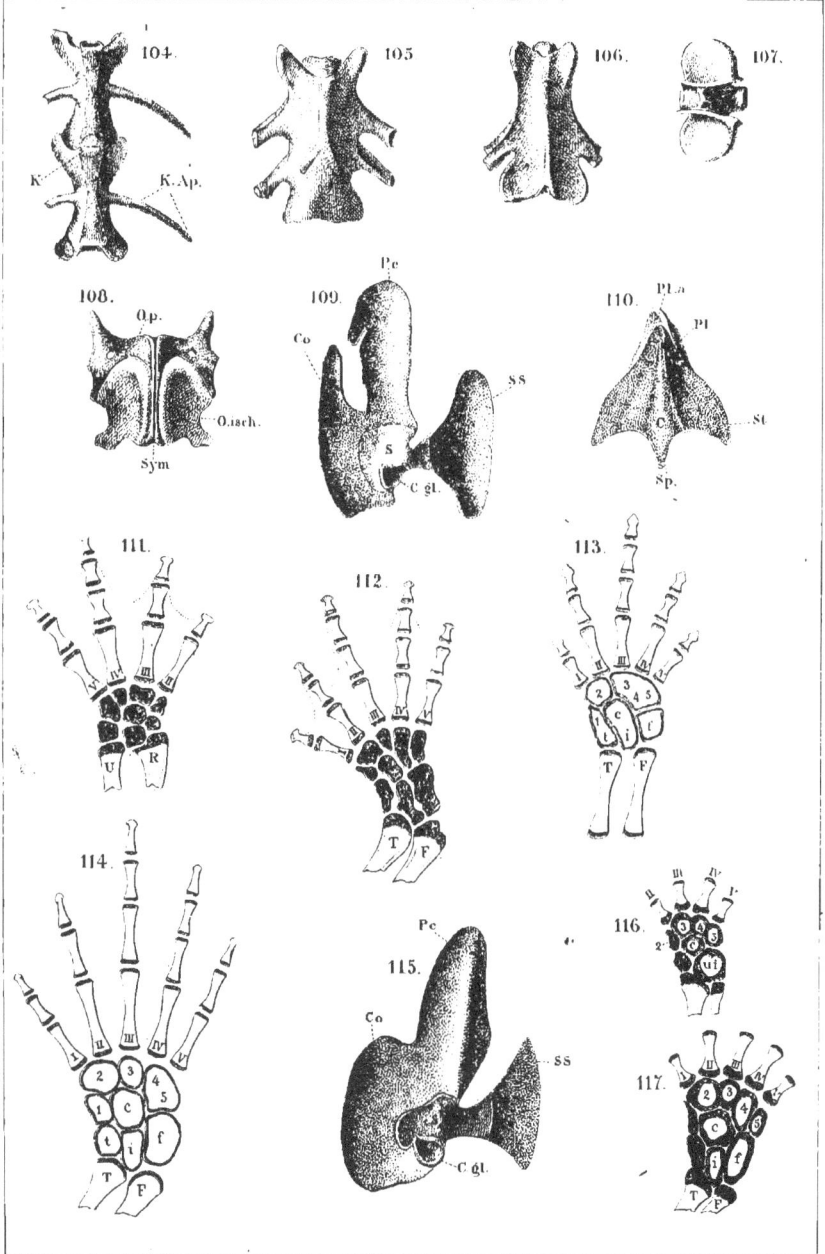

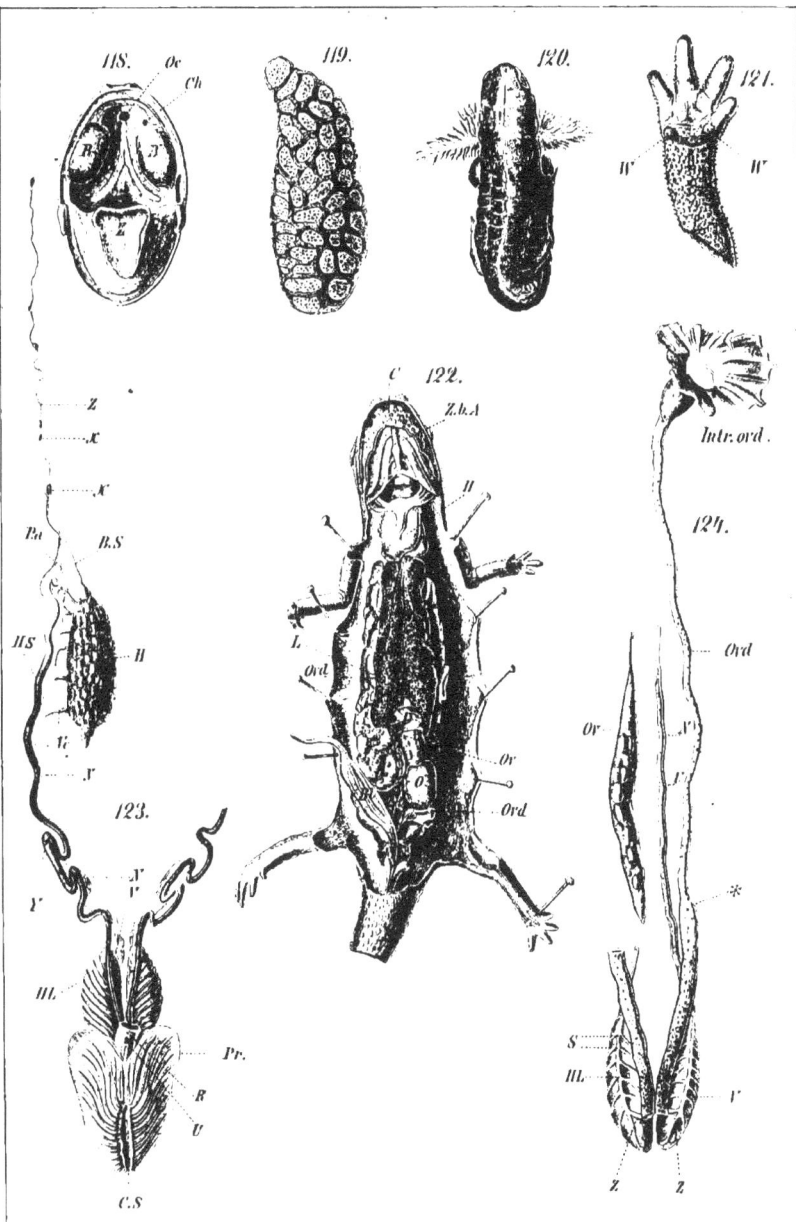

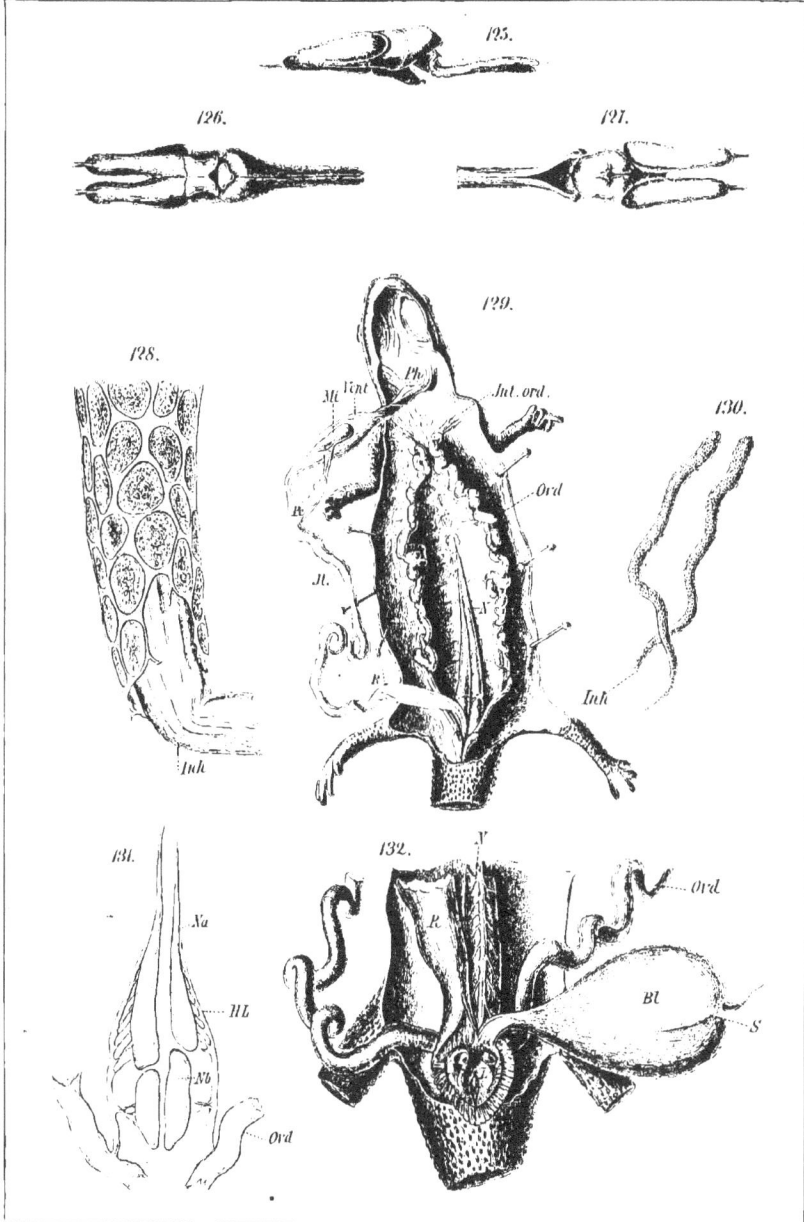

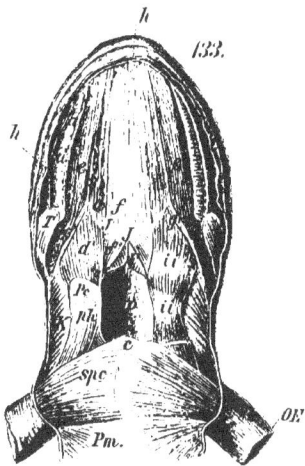

133.

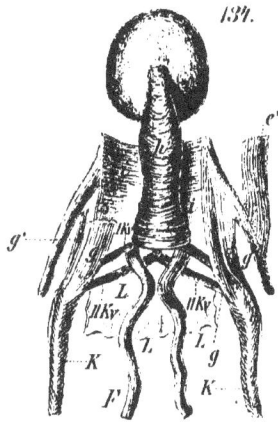

134.

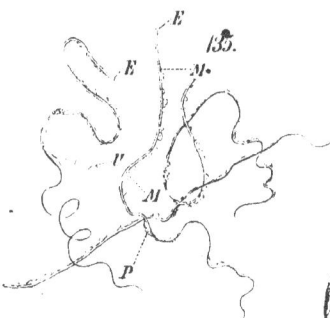

135.

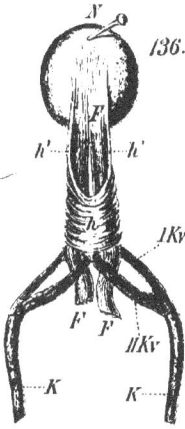

136.

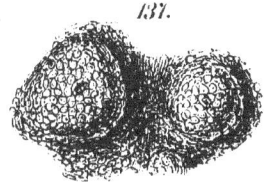

137.

140.

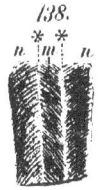

138.

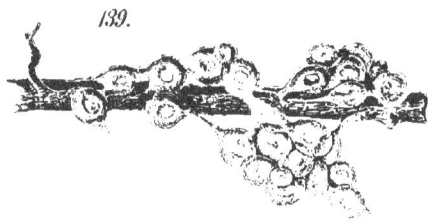

139.

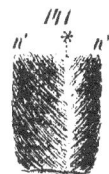

141.

.

SALAMANDRINA PERSPI ..LATA

UND

GEOTRITON FUSC .5

—

VERSUCH EINER VERGLEICHENDEN ANATOMIE

DER SALAMANDRINEN

MIT BESONDERER BERÜCKSICHTIGUNG DER SKELET-VERHAELTNISSE

VON

DR. ROBERT WIEDERSHEIM

PROSECTOR AN DER ANATOMIE ZU WÜRZBURG

—

Mit 17 lithogr. Tafeln und drei Holzschnitten.

Stahel'schen Buch-und Kunsthandlung

in WÜRZBURG

www.ingramcontent.com/pod-product-compliance
Lightning Source LLC
Chambersburg PA
CBHW021527210326
41599CB00012B/1408